江苏省高等学校重点教材

中国轻工业"十三五"规划教材

系统整合创新设计

System Integration and Innovative Design

陈 香 | 著

化学工业出版社

·北京·

内容简介

《系统整合创新设计》获"第三届中国轻工业'十三五'规划教材"立项。此书作为设计类学生核心课程的重要参考教材，注重系统整合创新设计的理论分析，按照产品整合创新设计的过程安排内容，同时结合设计案例对系统整合创新的内容和方法进行了深入的阐述。

全书共六章，第一章主要论述了系统整合创新设计的发展现状；第二章着重论述了系统整合创新设计的要素；第三章结合产品设计的案例论述了系统整合创新产品开发的具体流程、方法及产品怎样商业化转化的过程与方法；第四章以用户为中心，论述了怎样在不同领域和范围下进行针对不同用户的系统整合创新设计的分析并构建用户模型，以及在不同领域下构建用户研究的流程与方法；第五章在前四章内容的基础上结合实践案例进行训练，培养学生基于服务、交互技术、用户体验三种不同新兴设计技术下，系统整合创新设计方法如何切入实施和应用；第六章基于前述的内容提出了系统整合创新设计的发展趋势，以及还有待深入探索研究的愿景。

本书适合普通高等院校艺术设计、工业设计、产品设计等相关专业教学使用，也适用于企业工程师和设计爱好者作为自学设计理论和实践知识的参考书。

江苏省高等学校重点教材（编号：2021-2-038）

图书在版编目（CIP）数据

系统整合创新设计 / 陈香著 . —北京：化学工业
出版社，2021.9
  ISBN 978-7-122-39606-8

  Ⅰ. ①系⋯ Ⅱ. ①陈⋯ Ⅲ. ①工业设计 Ⅳ.
① TB47

  中国版本图书馆 CIP 数据核字（2021）第 159284 号

责任编辑：李彦玲　　　　　　　　　　　文字编辑：吴江玲
责任校对：刘　颖　　　　　　　　　　　装帧设计：王晓宇

出版发行：化学工业出版社　（北京市东城区青年湖南街 13 号　邮政编码 100011）
印　　装：北京新华印刷有限公司
787mm×1092mm　1/16　印张 12¾　字数 255 千字　2022 年 1 月北京第 1 版第 1 次印刷

购书咨询：010-64518888　　　　　　　　　　售后服务：010-64518899
网　　址：http://www.cip.com.cn
凡购买本书，如有缺损质量问题，本社销售中心负责调换。

定　　价：59.80 元

前　言

　　关于"系统整合创新设计"的课程，早在 2005 年就已经在江南大学设计学院开设了"产品系统创新设计"这门课，也是国内开设较早、江南大学设计学院设计类课程中具有特色和传承性的一门课程。随着近 16 年教学内容的深入和不断改善，"系统整合创新设计"在相关理论和教学实践上，已形成了较好的课程特色和普适性，其课程的教学研究模式也给其他院校专业教学提供了参考，所培养出的创新人才和相关成果也得到了阿里巴巴、华为、小米、京东、美的、长虹、海尔、海信等诸多企业和国内外高等院校的肯定。特别是 2012 年所设立的"整合创新实验班"的特色教学模式，使得 2018 年的《适应未来转型，以整合创新为导向的设计类人才培养模式的改革与实践》获得高等教育国家级教学成果奖二等奖。这些成果的取得，为"系统整合创新设计"课程的未来发展奠定了深厚基础。

　　虽然国内许多专家学者都从各自的研究角度发表了相关的研究成果，但在实际教学中，适合新时代背景下的前沿设计领域的本科教学和指导具体设计实践的成果不多。特别是将系统整合创新与用户研究、服务设计、交互设计和体验设计这四种设计前沿研究领域相结合的不多，尤其是第五章中以三种不同设计领域的案例的形式，辅助读者能更好理解系统整合创新设计的实际运用。因此，本书将会成为国内外设计师或设计企业用于系统整合性思考、逻辑性表达设计创新的一本重要的工具书。

　　本书从设计实例入手，强调学生从社会学、现象学、经济学、传播学等多角度进行跨学科学习和综合分析设计问题。课程倡导学生从用户的生活情景、行为出发，将设计中心由传统的设计思维转化为围绕"用户、服务、交互、体验"等系统性的创新思维。将设计的系统观念和系统设计方法两方面的知识体系进行了拓展和总结，并结合设计案例对系统设计的流程与方法加以剖析，培养学生树立起科学性、社会性、经济性、艺术性等多种复杂属性的思想观念的系统设计思想。利用跨学科系统思维将设计对象从单一的产品扩展到产品与文化、产品与商业、产品与服务、产品与交互、产品与体验等多链路的理论与实践相结合的设计方法，以培养学生具有全局观、综合性分析和整合解决设计问题的能力，达到全面掌握系统整合创新设计的思想和方法，并能在设计实践中加以应用，实现具有引领设计学科前沿发展的一流整合创新能力。

陈　香

2021 年 6 月

目　　录

第一章

系统整合创新设计的
发展现状

第一节　系统设计思维

一、系统设计的概念

近代的科学家和哲学家常用"系统"一词来表示复杂且具有一定结构的整体。贝塔朗菲在《关于一般系统论》中最早明确提出系统理论思想，并将其定义为相互作用的若干要素的复合体。一般系统论是研究系统中整体和部分、结构和功能、系统和环境等之间的相互联系、相互作用的关系。从根本上说，系统方法是一种态度和观点，而并非一种明确清晰的理论。贝塔朗菲认为系统论是"观照整个问题，先设计出一个系统的框架，在做个别决策时须考虑到各个决策对系统整体有何影响"，即强调普遍联系和综合全体的认识方法，而非通过孤立和封闭的方式去把握对象。

古格罗特和德国布劳恩公司的设计师迪特·兰姆斯以系统设计而著称。系统设计的基本概念是以系统思维为基础的，目的是赋予事物以秩序化，通过对客观事物互为关系的理解，在设计中将标准化生产与多样化选择相结合，以满足不同的需求。系统设计思维已经在工业设计领域中被广泛地研究和应用，对多元化领域的创新起到重要的促进和推动作用。以系统的观念进行的产品创新设计，将提高设计效率，使产品更多地满足用户的使用需求和社会经济发展的要求。当系统概念被用于设计领域后，设计者不再把设计对象看成是孤立的单品，而是要考虑到它与经济、人文、政策、商业等诸多影响因素之间的关系。从系统观看产品设计的描述是：把物品作为流动的载体，形成以人为中心的物品链，从这个物品链发现生产出来的物品为何而生产、为何而变化、物品之间是何种关系；影响企业、社会的物品链的关键因素是什么；人类社会复杂因素的变化对物品链的发展有什么影响；物品的变迁形态背景等。这诸多产品系统观下的各个支撑点，始终将产品作为一个宏观概念的物质，从物的动态流线中研究和挖掘产品的生命力。

因此，系统设计要从全局上和相互关系上研究整个流程体系。特别是在复杂的社会背景和商业环境下，在面对愈加个性化的用户群体时，设计方案也将面临愈加多元的评价标准，设计的主观自由度也将会受到限制。在设计利用系统的思维方式和方法，进行相关产品的概念设计前期时，选择恰当的系统设计思维、流程和方法是保证产品设计质量的关键（图1-1）。系统设计需要从一个宏观的、多元化的视角全面地考量每一个设计点，紧跟社会、经济、生活方式等方面的发展需求，寻求设计机会点，即在满足用户需求的前提下，从整体的视角研究设计对象及有关问题，从而达到设计目标的最优，提高用户的服务品质和体验感。

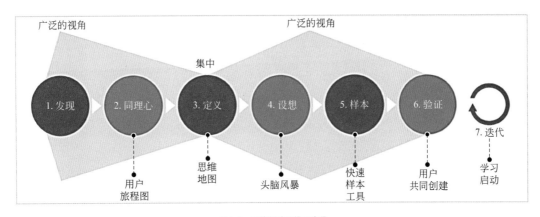

图 1-1　系统设计思维及流程

二、系统设计的运用

1. 系统设计在智慧物流上的运用

以智慧物流场景下无人驾驶车的功能模块为例（图 1-2），智慧物流服务系统是从 IBM 提出的"智慧供应链"概念延伸而来，它是应用了物联网、云计算、移动互联网等计算机信息技术实现的物理信息融合系统。智慧物流的服务系统信息架构由感知层、传输层、存储层和应用服务层组成。智慧物流服务系统提高了传统物流产业模式的分析、决策和执行能力，提升了物流产业的安全化、智能化、高效化水平。智慧物流服务系统是建立在共享经济模式上，满足快速增长的物流服务市场需求，整合传统物流碎片化服务模块的新型产业模式。其应用了大数据、云计算、深度学习等人工智能技术，实现了智慧物流服务系统感知、学习、推理和决策的能力，以达到智慧物流服务系统的可视化、可控化、智能化和网络化。

机会点	参与用户	IF描述	AF描述
1. 扫描货件二维码录入	快递员	快递员移动设备系统界面	移动设备扫描功能
2. 货件状态通知相关利益者	收件人 寄件人 系统管理员	手机APP界面 管理系统员界面	
3. 实时反馈车仓剩余装载空间和重量	快递员	无人驾驶车系统界面 移动设备系统界面	货仓内置摄像头空间分析 货仓隔板内置重量传感器
4. 大型货件运输	快递员		无人驾驶车顶部大型货件固定装置
5. 导入预约寄件订单	快递员	移动设备系统界面 无人驾驶车系统界面	
6. 解析送货和寄件订单地址规划配送路线	快递员	无人驾驶车系统界面	

图 1-2　智慧物流场景下无人驾驶车的功能模块

2. 系统设计在绿色产品上的运用

自 20 世纪 80 年代以来，环境问题尤为突出，国际社会相应地提出了绿色设计思想，即在观念层面上提出了关注人与自然的关系，关注生态环境的平衡，强调产品全周期的每一个环节的决策都要充分考虑环境的效益，尽量减少对环境的破坏。绿色设计在空间上把设计对象由"人—机"系统扩大到"人—机—环境"系统，在时间上考虑产品的整个生命周期，将系统概念再次扩展。绿色设计具有多学科交叉特性，单凭某一种设计方法难以适应绿色设计要求。因此，绿色设计蕴含着一种发展中的系统设计方法，是集产品的质量、功能、寿命和环境为一体的设计系统（图 1-3）。

图 1-3 绿色产品的生命周期（循环系统）

在 20 世纪 90 年代末，威廉·麦唐诺与麦克·布朗嘉特所主张的"摇篮到摇篮"（Cradle to Cradle，C2C）的产业模式是将生命周期终结时的抛弃行为作为产品开发时最重要的一个思考点，即设计的终极目标是"零废弃物"。C2C 作为一种整体性的思维模式，在设计之初就要充分考虑后续的回收和利用并使用可生物分解材质作为主要原料，而当产品生命周期结束时，又可回归为地球资源的一部分。由此，系统设计对象就由"人—机—环境"系统扩展到了"产业圈—生物圈"系统。

3. 系统设计在社会系统中的运用

社会系统是一个范围较大且比较复杂的系统的形式，它牵涉用户生活中的方方面面。以"Bike Scavengers"品牌的共享单车产品设计为例，"Bike Scavengers"以废弃共享单车为设计的材料，将这些废弃的材料转换为有价值的产品。通过与 Bike Scavengers 提供的半成品相结合，将已无使用价值的共享单车的零件重新组合成新的"产品"。该设计的核心是对共享单车造成的环境破坏与资源浪费的弥补，以及批判共享经济在利益驱动下的野蛮生长。通过展示这些"共享单车制品"，希望更多的用户参与到活动中来，并在设计过程中承担更多的社会责任。这些产品不仅能满足功能性的需求，更是反映了共享经济浪潮对用户生活的影响，以及告诉用户应该以怎样的设计方式去对抗其中的负面影响。此系列设计作品包括：将废旧的车座组合成公共座椅；将单车的挡泥板设计成台灯；将多个坐垫组合成极具装饰性的吧台椅；将车筐设计成具有储存功能的收纳架（图 1-4）。通过这个案例体现出了系统设计思维对共享单车的整合再设计的创新，去解决社会系统中普遍存在的人员浪费、资源浪费的难题。

4.系统设计在品牌形象上的运用

（1）系统设计思维在品牌塑造上的运用

产品的品牌形象离不开卓越的产品本体和品牌人格化塑造。品质优异是品牌形象的坚定基础，积极运用"视觉比喻"来赋予品牌相应人格特征，这是品牌形象力的活性因素。品牌人格化也是当今世界品牌发展的一大趋势，品牌的人格化是以人

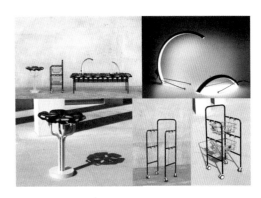

图1-4　Bike Scavengers 制品

性化的方式与大众生活相连接，它是长期塑造、长期传播的结果。优秀的品牌趋向于拥有稳定的人格，具有亲和性，特色明显，令用户容易接受。人格化需要品牌的长期努力，是一个连续的过程，需要以系统设计的思维为指导。在产品的设计中贯彻系统设计的思想，保持品牌产品风格的连贯性和产品形象的系列化，塑造出品牌的整体形象感，让用户在看到产品的瞬间就明白产品的属性和品牌特征。

（2）系统设计思维在品牌视觉识别上的运用

视觉识别系统是运用系统的、统一的视觉符号系统。视觉识别是静态的识别符号具体化、视觉化的传达形式，它的项目最多、层面最广、效果最直接。视觉识别系统是用完整的视觉传达体系，将企业理念、文化特质、服务内容、企业规范等抽象语意转换为具体符号的概念，塑造出独特的企业形象。企业视觉识别系统，指的是企业经营理念和企业精神文化，即通过统一的视觉设计加以整合和传达，使公众产生一致的认同感与价值观，从而创造最佳经营环境的一种经营战略。这种设计结合了现代设计理念和企业管理理论，运用视觉传达设计，将抽象的企业经营理念和企业精神文化以视觉传达的形式予以明确化，转化为具体的形象概念——企业、企业标准字、标准色，并以此为企业视觉识别系统的中心，构建识别设计系统，从而刻画企业的个性，突出企业的精神，塑造与众不同的形象。

以著名的德国汉莎航空为例，早在1962年，设计师奥托·艾舍结合当时刚刚发展起来的系统化设计方法，设计了"汉莎"的视觉形象（图1-5）。该设计的中心在于以高度标准化、系统化、理性化的方法，建立起统一的视觉形象，围绕着方格网格展开设计，采用飞鹤为主题的企业标志，将飞鹤用圆环绕，增强规范和统一的效果。为了突出新设计的无饰线字体形象，用飞鹤的图形来衬托字体形象，并且严格地把字体和图形以准确的比例排在方格之中，确保视觉形象的规范化和理性化，为汉莎航空公司建立系统的企业识别形象。

图1-5 德国汉莎航空公司"汉莎"视觉形象设计

（3）系统设计思维在品牌广告上的运用

广告制造的虚拟形象是一个不断强化和渗透的过程，产品不再仅仅是产品，它是有生命的文化，产品背后的故事构成了产品的文化附加值。品牌的广告定期推陈出新，不断深化品牌形象，虽然广告画面不断变换，但品牌的形象内涵一直没有变，品牌形象变得越来越清晰。这种使潜移默化的形象变得逐步明朗的方法，是对系统设计思想的现实运用。好的品牌营销可以提升用户对品牌的价值感知，提高用户支付意愿。

例如，可口可乐其中一个经典的营销案例：3米高的巨型售货机（图1-6、图1-7）。可口可乐曾在欧洲的街头设立了一个3米高的巨型售货机，要想获得可乐必须要在朋友或陌生人将你抱起来的情况下才能实现。尽管这个提案最初因为没有考虑到残障人士而饱受争议，但是在最终的市场实践中却获得了满意的结果。"友情、共享"一直都是可口可乐的品牌价值核心，这次的营销活动建立的就是用户与用户、用户与品牌之间的情感沟通。通过一番努力才能获得可乐的行为已经不只局限在可乐这个载体本身，它核心的内容更是一种品牌理念和品牌价值的传递。

图1-6 可口可乐巨型售货机宣传

图1-7 可口可乐3米高的巨型售货机

5. 系统设计在促进营销模式上的运用

对于企业来说，营销及营销模式的成败成为促进企业生产和商业利益的核心内容。

图1-8 可口可乐瓶盖可以用于打电话的示意图

例如，你相信可口可乐的瓶盖可以通过自助机打电话让你与家人联系吗？将瓶盖扔进自助电话机，你便能拨通电话，听到熟悉的家人声音，完成一次情感的跨越（图1-8）。任何一种感情，都没有亲情来得更打动人心。这款可口可乐瓶盖，实现了广告、企业价值以及社会理念的高度融合，既完成了品牌的营销宣传，又达到了与受众心灵的互动，从而牢牢抓住客户的心灵。此次可口可乐用"润物细无声"的方式，以小见大，用平凡、细节完成了一次创意的营销方式。

6. 系统设计在促进用户行为上的运用

目前市场上大部分的产品只是用户单线地去购买，当购买结束时，相应地只产生人与物之间的交换行为。但是，当可口可乐只是通过瓶盖的那一点趣味性的旋转型反转拧瓶盖的方式时，瞬间将用户间的隔阂变成了彼此都产生了行为上的联系。用户通过可口可乐的这点创新设计连接着相互间的沟通方式，不仅增进了人与人的沟通关系，也促进了相互间的友情。通过单个产品的设计创新点，设计师考虑的不仅只是设计的创新，更想表达出产品与产品、产品与人、人与人之间的那种相互间的系统关系。同时，相比起普通的可乐包装看起来有趣很多，这需要两个人才能打开，成了一种营销手段，不仅让可口可乐的销量得到了上升，也促进了人与人之间的沟通。不少人纷纷跑到自动贩卖机前买一瓶试图单手打开，可是发现根本打不开，唯一解决途径就是"搭讪"另一名买这款可口可乐的人一起配合打开（图1-9）。

图1-9　可口可乐瓶盖使用场景和细节图

第二节　系统设计的发展

一、系统设计的演变

从"复杂性理论"到"系统设计"。复杂性理论是在卡尔·路德维希·冯·贝塔朗菲的一般系统理论的基础上发展起来的，即生命系统不断地利用外部能源，并保持一个稳定的低熵状态。后来也将这些理论应用到人工系统上：生命系统的复杂性模型涉及组织和管理的生产模型。在这些模型中，部件之间的关系比部件本身更重要。复杂性理论有助于整个系统的管理，这一理论的设计方法有助于不同发散元素的规划。

Buchanan提出，在系统集成的情况下，设计思维是创造性地、战略性地重新配置设计概念的方法。因此需要在设计阶段有很强的跨学科性，包括城市规划、公共政策、商业管理和环境科学等不同学科的不断参与。于是在复杂性理论和设计思维的基础上重新设计了一个新的学科——系统设计，它是一个以人为中心的系统导向的设计实践。系设计计划通过在系统思维和设计师的工作方式之间寻找新的联系和关系来解决问题。

1. 产品系统演化

随着社会发展，人的本能需要和享受需求就形成了社会系统，"环境—人—机—产品生命周期"形成统一，并且随着时间的推移而不断完善。产品系统观始终将产品作为一个宏观概念的物质，从物的动态流线中研究和挖掘产品的生命力（图1-10）。

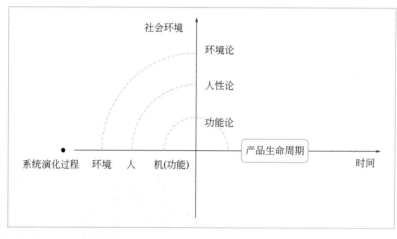

图1-10　产品系统演化

2. 系统设计纵向发展

系统设计将每个发展节点连接成了纵向趋势，随时代变革，系统设计的每一个节点都反映时代特点，系统设计的现趋势是"走向生态化、满足多种化需求的智慧型设计"。以洗衣机的发展历程为例（表1-1）。

表1-1　洗衣机发展历程表

技术作用	洗衣机发展	决定变革要素
技术模仿人的劳动行为	单缸洗衣机	机械动力模仿人类行为
	双缸洗衣机	
技术模仿人的细微行为	全自动洗衣机	机械动力、电子技术控制模仿人的完整行为
技术模仿人的社会观行为	计算机模糊控制洗衣机	
技术模仿人的发展观行为	节水节能洗衣机	社会可持续发展，倡导节约资源，节能技术持续发展
	生态化洗衣机	
	多系统一体洗衣机	多系统组合的创新结构设计研发，满足人不断发展的享受需求
	智慧洗衣机	智能技术开发实现人、机、衣互联，推崇智能化生活环境

3. 系统设计横向发展

横向的系统因素包括功能、结构、色彩、材质、人机关系等，以物质为载体反映某一元素的个性化特征，横向趋势是由单一整体在保留整体的同时走向个性化。当今横向趋势是在突出产品整体的同时趋向大胆配色及不对称的美感，强调交互性和智能化。

二、系统设计的发展趋势

现代社会环境下，设计需具有丰富的内涵、独特的个性和有效的方法，才能满足设计领域越来越严格的设计标准和用户对设计工作越来越高的设计要求。其必然性、单一性、确定性的设计方法必然将会被更复杂、更深刻、更丰富、更灵活的创新设计所取代。在未来，产品系统设计将会在更多领域增加更多的实践和拓展，并形成最新的相关设计趋势，如图 1-11 所示。

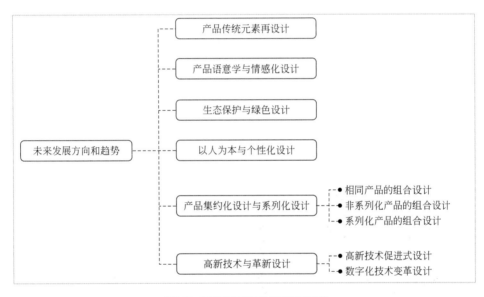

图 1-11 未来产品系统设计发展方向和趋势

1. 传统元素再设计

设计的艺术追求总是在设计作品中得到体现。古往今来，我国传统产品始终保持着独树一帜的风格，焕发着令全世界为之倾倒的风采。它们不仅是中华古文化的象征，也是世界文化中独放异彩的奇葩。我国的传统艺术随着世界化的进程得到进一步发展，但同时同质化的现象也在日益严重，特别是其地域性设计上的特色也逐渐减弱。因此，目前我国传统元素再设计的运用还需注意以下几种方法。

将传统的纹样、色彩、形态、材质等直接运用于现代设计中，体现古典效果，反映文化传承。传统元素已不单单只是设计附加的一个要素，它自身更是一种符号的象征，文化的象征和传承。对传统元素加以提炼，以抽象的形态予以表现，既保持传统文化中的精髓，同时也体现现代人对于简约设计的喜爱，体现现代人的审美情趣。我国传统元素多以纹路繁复、鲜明艳丽为特点，但现代社会发展上的节奏快的特点，使得大众更接受现代、简约的设计元素。因此，单纯地复制传统已无法满足现代人的需求，为了使传统元素富有时代气息，更好地为现代人所接受，需要将之以现代手法进行传统符号的表现与传达。

图1-12　贝聿铭设计的苏州博物馆

以苏州博物馆为例（图1-12），青灰色瓦的屋顶、素雅的外墙以及丰富的院落空间，使苏州博物馆充满水乡的文化气息。它既遵循周围建筑的尺度和空间形态，同时也显现出博物馆特有的个性和魅力。因此，苏州博物馆的建筑格调是"将传统的院落空间与现代的建筑语言相结合"，使博物馆既与古朴的环境相融合，又不失其自身特色和现代气息。

另外，在产品设计中，将传统的形态以新的材质、新的色彩加以表现，并且赋予新的功能以满足现代人的使用要求。以新中式家居的"平仄"系列为例（图1-13），平仄原指诗词骈文的韵律，将"平仄"的起点设置为"方圆"，同时在传统意蕴提取的基础上，设计师又引入了新型材料作为家具的整体骨架支撑，使得这一系列家具在饱含我国传统美学思想的同时，又具有现代感和舒适感。

图1-13　"平仄"家居系列

2. 语意学与情感化设计

① 准确地表达产品的功能。工业设计的物质功能包含了产品的物理功能和实用功能。物理功能是指产品设计的性能、可靠性、安全性、稳定性等。实用功能主要指设计物品使用的方便性、舒适性、宜人性等。

② 表达产品的操作性，增加识别性。就产品功能而言，指的是其功用、效能、目的、用途等；在人的工作和活动的层面上，指的是其目的、任务、作业和操作。工业产品的认知性也是物理功能的一个方面，即设计师的设计是否容易被用户认知，是否能够

准确地传达信息，是否便于使用，操作是否简洁方便。

③ 激发人的记忆性，延续产品的文化感。在工业设计层面，产品的象征功能是其精神功能的重要组成部分，指的是由设计物品激发用户联想起以往的经验与感受，从中表现出某种特殊意义。

3. 生态保护与绿色设计

① 产品循环再使用。产品循环再使用是可持续发展思想的体现，绿色设计即在追求科技、时尚与功能的同时，尽量减少资源的浪费，设计出可循环使用的、具有"亲和价值"的产品。

② 延长产品使用寿命。绿色设计的灵魂是可持续发展思想，强调资源节约与环境友好，延长产品的寿命，实现绿色可持续的发展。

③ 合理节省资源。合理节省空间是对生活空间资源的有效利用和节约，避免产生不必要的麻烦和浪费。

④ 和谐自然。从可持续的角度，只考虑设计产品对于自然的作用并不足够，因为破坏地球环境的主要是产品用户与使用者。绿色设计应该通过设计激发用户从事有益于环境的行为。

4. 以人为本与个性化设计

赋予产品"人性"才更容易被用户所接受。人性化设计是以人为中心展开设计思考，不仅只是片面地考虑个体，而是综合地考虑群体，在未来，设计师会把更多的目光投向残疾人等弱势群体，而个性化设计除了产品的功能、结构上的重要性之外，其材料和色彩特性的运用也将是不可缺少的一部分。合理利用材料的特性，可以弥补用户操作时存在的错误行为、识别上的不确定性。人性化设计在帮助人类更好生活的角度上，要求设计师要增加对特殊人群的关怀与关爱，赋予更多的社会责任感和关注度。当然，也可以根据产品的具体情况选择合适的色彩搭配，通过色彩传递产品的信息，也能够准确地达到给用户予以提示的效果。

5. 集约化设计与系列化设计

集约化原是经济领域中的一个术语，本意是指在最充分利用一切资源的基础上，更集中合理地运用现代管理与技术，充分发挥人力资源的积极效应，以提高工作效益和效率的一种形式。集约化设计是一种非常重要的设计形式，其实质是归纳和统筹，通过集约化设计，使多样性变为统一有序，强调协调性和合理性。集约化设计的目的在于功能的多样化，如 lagranja 工作室与东芝合作的项目所设计的小家电套组（图1-14），设计本意希望为香港、东京、新加坡等拥挤城市中的学生设计一套多功能的小家电，利用集约化设计的理念最大化满足学生的需求，减少产品的占地空间。

图 1-14　lagranja 工作室与东芝合作的项目所设计的小家电套组

产品系列化设计的概念是产品系列化的过程体现（图 1-15）。产品是一个系统，而系列产品是一个多极系统。在现代激烈的市场竞争中，产品系列化设计可以提高产品的适应性，满足特定的市场需要。同时，系列化设计也充分体现了产品组合上的协调性，系列化的产品在造型设计上，色彩、材料的运用上等更加讲究其整齐美观的视觉效果，满足用户更多的选择性，以促进产品的消费而带来产品的商业价值。

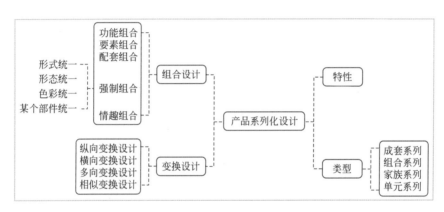

图 1-15　产品系列化设计概念及架构

6. 高新技术与革新设计

（1）高新技术促进式设计

图 1-16　戴森多功能风扇

新技术对于产品的促进具有一定的革命性特点。一方面可以使企业成为创新型企业而更快地占领市场。另一方面也会提高企业的荣誉，以达到推广企业的形象、增加产品的附加值的目的。例如，以科技作为产品硬招牌的戴森（Dyson）公司在 2019 年的年度调查被我国消费者选为"最不可或缺的品牌"之一（图 1-16），其中很重要的原因就是戴森不仅为消费者提供了"时尚的设计产品"，而且还有"令人兴奋的新技术产品"。

（2）数字化技术变革设计

减弱产品表面的技术特征，完善产品的人机交互界面，让用户在不知不觉中享受新技术，这些是设计师们需要发挥自身创造性来解决的问题。例如，在《交互设计精髓》一书中，认为设计师应当首先考虑为用户群体中占大多数的中级用户设计。中级用户一般更关注任务的完成，当产品信息内容太多时，会增加人的认知负担，从而影响核心目标、核心任务的完成。所以，在产品设计和页面设计中，应当关注产品的核心功能，减少流程中无关紧要的分支、减少多余的视觉元素、减少过多的样式和层次，让用户聚焦于当前需要完成的主要任务即可。

第三节　系统设计与创新设计

一、基本概念与认知

1. 创新设计

"创新"一词已经为人熟知，当下我国的经济、社会、文化、科技等各个领域都在进行不同内容、不同层次的创新。创新在产品设计领域中的推进，对提升企业自主创新能力、改变工业相对落后、解决产品"山寨"现象等问题有着极其重要的意义。产品创新设计以设计出满足用户需求、创造商业价值、维护社会伦理道德的新型产品为目标，需要综合考虑与设计相关的多方面因素，来达成产品创新设计。面对我国当下日趋多元化、复杂化的市场环境和用户需求，进行产品创新设计并非易事，需要好的方法来支撑创新目标的实现。著名的艺术史论家王受之教授很早就提出设计的本质是解决问题，而产品创新设计的实质是发现问题、分析问题和解决问题的一系列创造性的过程。

2. 系统整合创新设计

随着设计的发展，产品设计不只是单纯的造型角度的"外观设计"和单纯的技术角度的"功能设计"，也不只是产品的形态、色彩、结构、材料、工艺等物质条件的"离散设计"，而是综合了经济、社会、环境、人机工程、人类心理和文化习俗以及审美情趣等多种因素的"系统设计"。它力图合理解决"产品－人－环境－社会"等之间的关系，是一种多层次、多角度、多向思维的观念与实践。

产品创新设计是一个综合性的创造过程，需要将来自不同渠道的多种信息加以综合处理，产生全新的产品形态。传统的产品设计多是以"单一产品观"为指导的，往往更注重产品局部的零散设计。例如，只注重造型或是只注重高级材料的选用，这样就削弱了产品本身"满足用户使用需求、促进社会发展、合理利用资源和保护环境"的意义。现代的产品设计是运用"系统观"来指导产品设计,分析产品设计所涉及的各种因素,并将这些因素依据它们在系统中的性质和作用进行划分和归类,组建成产品创新设计系统下的各个子系统,并以整合式系统的形式进行产品的设计创新。以产品的整合系统观指导设计,并能够使产品既能在宏观的社会大系统中起到促进的作用,也能在微观的产品内部、内容等系统中有着不可估量的创新力。因此,系统整合创新设计能以更新、更适合现代产品设计构成的整体发展趋势,也能最大限度地满足以人为中心进行产品整体规划和设计创新的最新需求。

二、创新设计的基本内容

1. 创新设计类型

创新设计输出的是新产品和新服务,与已有产品和已有服务存在显著差异。根据设计结果的差异化和技术系统进化原理,将创新设计分为三类:渐进性创新设计、突破性创新设计和破坏性创新设计。

（1）渐进性创新设计

渐进性创新设计是通过不断地、渐进地、连续地改进已有技术或产品而实现的一类创新,通常表现为产品技术进化过程中在同一条S曲线上不断递增的过程,其核心是不断地发现冲突并解决冲突,设计结果与已有产品的差异度较小。该类创新设计通常包括冲突识别、多冲突网络构建、参数网构建、冲突求解与评价等过程,如图1-17所示。

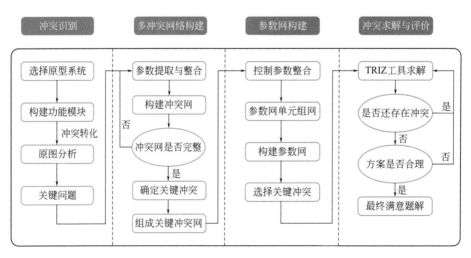

图1-17　渐进性创新设计过程模型

从规模上来看，绝大多数的创新设计属于渐进性创新设计。该类设计问题更容易被定义，能够比较容易地达成设计目标。尽管单一的渐进性创新成果的差异度较低，不会带来产品质的飞跃，但诸多渐进性创新成果可发挥积累的优势，借助其规模优势，不断地吸收外部技术进步成果，驱动产品向其当前技术极限快速趋近。因此，渐进性创新设计通过快速拓展相关新技术、应用新理念，可以实现产品和服务的多样化，对促进市场繁荣和满足用户差异化需求方面具有极其重要的意义。

（2）突破性创新设计

突破性创新设计是以全新的产品、新型的产品生产制造方式对市场和产业带来颠覆性变革的一类创新，通常表现为原始创新或产品技术进化过程中两条 S 曲线间的自然更迭，其结果是大幅提升产品的性能和企业的生产效率，与已有设计存在显著差异性。突破性创新设计包括突破性创新的技术机遇分析、创新设想产生、功能与效应综合、原理方案结构设计等过程，如图 1-18 所示。

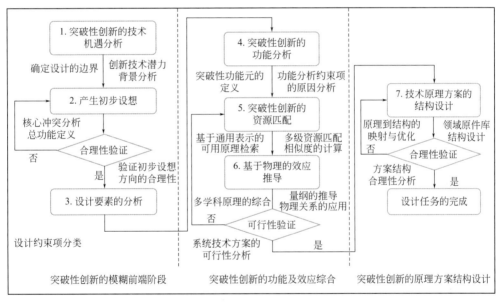

图 1-18　突破性创新设计过程模型

突破性创新设计强调在已知的人类知识领域内，寻找已有技术的合适替代原理。由于替代原理极有可能来自其他领域，这就造成了设计过程具有高度的不确定性，失败的风险更高，所以突破性创新所占创新比例很低。但是，突破性创新能够显著地推动技术的进步乃至产业升级，成功的突破性创新产品能够帮助企业获取巨大的商业利润并实现跨越性增长。研究突破性创新的本质与特征，能够更科学、更清楚地制定设计目标，提出合理的设计方法，更科学、更高效地实现创新资源的配置。开发相关的辅助工具能够显著提升突破性创新设计人员的工作效率，实现突破性创新设计的快速迭代，帮助企业、产业等抢占发展先机。

（3）破坏性创新设计

破坏性创新是除渐进性创新和突破性创新之外的一类非常规创新类型。破坏性创新设计是用低于主流市场上定型产品性能的产品取代主流产品，是实现跨越的一类创新。通常表现为产品进化过程中位于成熟期的分支点，分为低端破坏和新市场破坏，其创新设计结果反映在对市场结构带来颠覆性变化，因此其结果也被称为颠覆性创新。

破坏性创新设计通常包括破坏性时机搜索、破坏性创新技术预测、破坏性创新技术形成等过程，如图1-19所示。破坏性创新直接推动力是产品进化与需求进化的不平衡，其重要特征反映在创造新的用户群体中，按照破坏性创新成果在技术系统进化方面的区别，又可以进一步将破坏性创新分为新市场破坏性和低端破坏性两类。新市场破坏性创新设计结果体现在技术系统进化曲线的更迭，也就是将某一领域内发展成熟技术系统引入另外的产品领域来创造出新的产品特征，使得目标产品的用户领域得到了有效的扩张，创造出规模可观的新市场；低端破坏性是通过整合有效的创新资源获得创新成果，其核心技术指标可能低于主流产品的技术性能指标，但却显著降低了成本和价格，将一些非期望用户转化为实际用户，也会对市场结构带来显著变化。无论其具体形式如何，破坏性创新设计是将已有的创新资源进行优化整合，同时可能还需要结合市场预测、用户研究方面的策略，对创新资源的价值进行二次开发。从核心技术的突破和发展的角度看，破坏性创新所带来的市场回报和社会效应远高于渐进性创新。因此，破坏性创新也是一种实现产业模式转型和提高效率的重要途径。

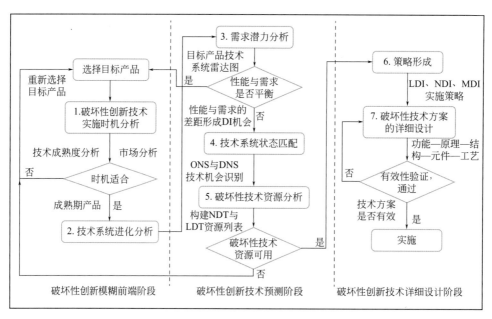

图1-19 破坏性创新设计过程模型

2. 创新设计方法

（1）属性列举法

属性列举法由美国尼布拉斯加大学的克劳福德教授于 1954 年提出。属性列举法是对事物的名词、形容词、动词等属性予以列举，并对一个或多个属性的条件予以替换，从而实现创新设计。属性列举法的目的在于让设计师通过对一个特定事物的多种属性分析，更加清晰地理解设计对象，从而发现可以修改创新的地方。比如，从动词方向描述一个灯具，以"开关方式"为分析对象，除了常见的按键式和声控式之外，寻找新的交互方式，如使用磁力作为灯具的开关，通过两个磁力小球的离合控制灯光变化。

（2）逆向思维法

逆向思维法的本质是求同存异，不遵循传统的思路来看待某一事物，反其道而行之，用一种新的角度和思维方式看待问题和提出解决问题的方法。逆向思维法的一个典型案例是 GPS（Global Positioning System 的缩写，全球定位系统）的发明，1957 年，苏联成功发射世界上第一颗人造卫星，美国约翰霍普金斯大学应用物理实验室的圭尔和维芬巴赫受此影响，认为既然可以从已知地面位置推断卫星位置，那么也可以在已知卫星位置的前提下，推断地面信号接收器的准确位置，GPS 技术由此产生。

（3）极端用户研究法

极端用户研究法强调聚焦于特定用户对象，通过深入调研，发现特定用户的需求和可能的创新突破机会。例如，老年人身体各机能有所减弱，因此，现在一些智能手机推出老人机模式，老人机增加了语音播报和字体放大等功能，更适应老人的使用习惯和身体条件。极端用户研究的具体方法不局限于调查问卷或是一般性的访谈，而是可以通过情绪板、用户数据分析等多种形式获得对特定用户的深刻理解。

（4）文化观察法

不同地域因其地理气候、社会科技等因素的不同而产生了各自独特的文化，设计师既要关注不同文化的共性，也要深入挖掘文化的个性，并从中提取有意义的要素转化为实际的设计。例如，王老吉凉茶的成功就在于它把握住了沿海地区居民强调清热解毒的文化特点。

（5）通感设计法

通感设计法与用户体验设计紧密相关，其打破了视觉、听觉、味觉、嗅觉、触觉不同感官体验间的局限，通过对感官体验的组合创造崭新的设计。例如，日本产品设计师深泽直人的壁挂式 CD 播放器，没有沿袭传统的 CD 播放器的外观，而是从"通感"的概念入手，借鉴排气扇的外观，把老式拉绳开关和 CD 机相结合，从而造就了一款经典产品。

（6）预防故障法

设计师在设计产品时除了考虑它的商业可持续性和技术可行性之外，还要考虑到如何应对产品使用过程中可能出现的意外和故障，以及如何通过设计提高安全系数。例如，传统的笔记本电源线被拖曳时，经常会连带设备一起摔到地上。苹果公司根据这一情况，更改了电源线与电源接口的连接方式，使用磁力结构，当电源线被绊到时，电源线可以和笔记本磁力接口及时分离。

（7）利用材料性能法

材料是设计师在设计实体产品时的一个重要考虑元素。对于材料的使用有两种常见思路。第一种思路是尽最大可能利用材料本身的特性。例如，我国明式家具在设计时遵循"精巧简雅"的思路，使用硬木材料，通过高超的榫卯结构设计，在不需要多余的黏合和金属连接材料的情况下，让家具的设计既符合人机工程学的考量，也充分发掘木材本身的特性和魅力。材料应用的第二种思路是颠覆材料的传统用途，如2014年普利兹克奖获得者日本建筑师坂茂的纸管建筑，他所开发的纸管建筑应用于救灾避难场所，具有轻便实用、可循环回收、成本低廉的特点。

三、系统整合与创新设计的关系

1. 系统观是创新设计的工具与形式

在产品创新设计中，可将要素在系统中的性质和作用进行分类规划，建立创新设计系统的子系统。通过这样的方式来进行产品创新设计，可反映出产品的扩散和收敛，并将系统内所包含的各项有联系的因素进行分析，运用"以人为中心"的产品观念进行整体设计。因此，以系统的形式进行产品创新设计，能够把产品所涉及的各项关联因素进行系统分层，可将创新点与发生变化的产品构成之间形成纵横向的虚拟实体的联系，以点带面，协同产品设计的全面创新，使产品设计更适合现代社会、经济构成的整体发展。

2. 系统论为产品创新设计提供新的理论指导

运用系统论改变产品创新设计的观念形成产品创新设计系统观，为产品创新设计提供了理论指导与支持以及产生新的产品创新设计形式，而系统整合创新设计思想已经在设计多领域中逐步被研究和使用。以系统的观念进行产品创新设计，将会提高设计效率，使设计更多地满足社会发展及满足用户的多种需求。

创新设计是构成系统整合中的一部分，系统整合创新设计是从产品战略到市场营销的一个完整的系统。系统整合可在创新的基础上，将产品设计的概念从局限于单纯的技能和方法的认知中，上升到一种完整的系统流程，从单一设计思维上升到系统化、综合化、整体化的设计思维，是对产品设计上的一种统筹兼顾的方法。创新设计可反哺系统整合，创新设计不只是产品和服务的创新，也是系统里不可缺少的重要内容，可提高设计效率、增加产品收益等多方面的优化和转变。系统整合与创新设计属于设计方法的一种，而创新设计是系统整合里重要的一环，创新设计更多需要的是感性的发散思维去发现和解决问题，而系统整合创新设计是将诸多问题综合后，看作一个大而全的整体并加以认识和研究，主要以用户行为的全视角、发现问题的多角度、解决问题方法的多样性来综合解决一个或几个问题的思维，达到整个设计服务的活动。

第四节　系统整合创新设计的基本内容

以"产品系统观"为指导的产品创新设计系统是一个较为复杂的体系，涉及众多的设计因素，当这些因素由个体又形成了一种"集"或"链"时，再将这些因素进行具体的"由内而外"或"由上而下"的分析和整理，以此来构建产品创新设计的系统模型，使基于产品创新设计的理论与方法能够得到合理的运用。

一、概念与认知

作为一定功能的物质载体，产品本身就具备多种要素和结构，从工业设计的角度看，这些要素包括产品的形态、功能、结构、色彩、材料、人机工程学等内容，而产品的创新设计则是从这些要素出发，结合现代设计理论与技术，在考虑人的因素和社会因素的前提下所进行的创造性活动。在将产品创新作为一个系统时，改变设计的功能不仅仅只是单纯的技能与方法，而是将设计纳入了系统思维和系统实施的过程中。产品系统整合创新设计是指以整合系统论为指导，结合现代理论与技术，在充分考虑人与社会环境因素的前提下，将产品设计的相关过程中的创新设计理论和方法作为相互联系、相互制约的元素而建立起来的一个产品设计有机整体，是一个并行运作模式的系统。产品整合创新设计系统的各个要素，在设计过程中都处于特殊的位置，起着各自特殊的作用，它们紧密结合、相互制约、相互联系形成了产品整合创新设计系统这样一个有机整体，共同为新产品的设计和开发目标而运行。

二、结构与模型

系统化的产品创新设计是形成产品的最有效的方式之一，产品定位对产品的最终形式作了有限界定。但通过系统分析，系统的要素和结构需要较好的协调才能创造出多样化的设计方案，在多种方案之间通过系统综合和优化，寻求最佳方案。因此，可以应用系统论来建立的产品创新设计系统，并将它以模型的形式确定下来，将有利于系统的综合与优化，有利于寻求产品创新的最优解决方案。

产品创新设计系统在存在方式和属性上表现为设计要素、结构和功能等因素。产品的设计过程是这个系统的结构主线,而其要素就是各种创新设计思维和创新设计技术,它们在产品设计过程中起到的是"左膀右臂"的作用,这两个要素构成了产品创新设计的两个子系统。结构是对系统内在联系的综合反映,是产品创新设计系统保持整体性且具有一定功能的内在依据。结构的内容是思维与思维、思维与技术、技术与技术各个要素之间相互联系、相互作用的方式或秩序,即有机性。其功能是指产品创新设计系统与外部环境相互联系和作用过程的秩序和能力,体现在这个系统与外界环境之间的物质、能量和信息的输入输出的变换关系。

产品的设计过程可以划分为三个主要层面,即功能层、行为层和结构层。功能层即设计过程和产品的功能表现;行为层是形成产品所必须采用的手段和方法,以及产品在使用过程中所表现出的运行方式;结构层是实现产品功能所采用的手段和方法之间所形成的网络结构及其相互衔接关系。围绕产品设计过程这个主线,产品创新设计系统可以划分为"思维与认识子系统"和"设计过程技术子系统",这两个子系统在产品设计过程中发挥作用,共同构成了这个综合性系统。

1. 思维与认识子系统

即创新设计思维及认识方面的综合系统,包含创新思维、创新设计原理和技巧、基于符号形态学的设计观念、设计原则和设计规范、设计史的参考与借鉴、领域技术原理和现有产品认识等结构层面。对这些内容分别建库可构成创新思维库、设计本体库、设计样本库等。

2. 设计过程技术子系统

即创新设计技术的综合系统,包含产品需求分析、人机关系分析、创新设计方法、技巧流程等层面。对这些内容分别建库可构成设计行为库、方法结构库、流程技巧库等。

产品创新设计系统包含的两个子系统,它们之间相互配合,衔接成综合系统。这两个子系统内又包含众多的要素,这些要素之间也是相互影响、相互制约的关系。这些要素共同作用、相互协调和连接,使产品创新系统持续有序地发展。对于基于系统论的产品整合创新设计而言,采用并行模式进行运作,各个要素之间配合进行的方法是最有利于新产品的设计和开发。系统论为产品创新设计带来了新的理念,将产品创新设计作为一个系统并建立模型,为产品设计和开发提供一个整体性的指导,并有利于设计者调用模型进行产品的创造性设计活动。

三、实践与应用

1. 产品整合创新设计在医疗健康领域的运用

健康医疗是基于大健康背景下提出的新型医疗理念,采用先进的技术方法和机器设备使人体获得身心健康。现在的健康医疗概念不仅仅包括医院、诊所等特定的医疗机构，还包括社区、家庭等多元化的医疗场所，如图1-20所示。

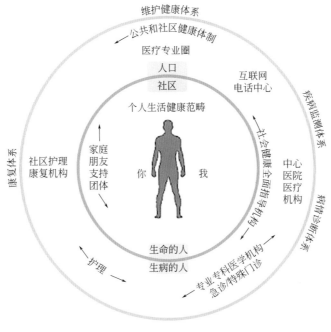

图 1-20　健康医疗体系

现代的健康医疗设计往往比较复杂，涉及多方面、多个利益群体，通常以系统设计的形式出现。健康医疗与其他设计主题最大的不同就是，健康医疗产品通常只是作为一个提供服务的载体，产品的实体也仅仅只能提供部分服务，更多的还是需要专业的医疗人员进行操作。特别是健康医疗领域具有一定的专业性，当设计人员在进行健康医疗产品的设计时，通常需要与医疗专业人员进行合作。医疗健康产品的应用人群也十分特殊，有些人群由于身体疾病，不方便自己操作产品，这就使得产品的使用者和受益者产生了分离，产品的系统性也就更为复杂多元。同时，新兴科技的发展也推动了健康医疗产品的系统化设计，如人工智能、大数据、互联网技术等，这些本身带有系统性质的技术近年来越来越多地应用于健康医疗领域，它们使得健康医疗产品的系统性得以实现，提升了产品的可用性。

以家用烘干消杀机的系统整合创新设计为例（图1-21～图1-23），家用烘干消杀系统设计主要解决疫情时期用户回家之后对衣物、手部、随身物品进行消毒的问题。产品针对不同物品和身体部分，以及对衣物和随身物品等采用紫外线的方式进行消毒，同时也将优化消毒设备的外形特征，给用户一个既安全又美观的居家环境。

① 在形态上，造型简约且采用了现代感的曲线，在增添了流动感的同时，特别突出贴身衣物消毒模块的放置空间，由此增加了产品造型的亮点和趣味性。

图1-21　产品正视图

图1-22　产品使用状态

图1-23　贴身衣物消毒模块

② 在色彩上，选择白色作为主色调，灰色作为产品底部，增加颜色的丰富性同时，利用用户对色彩认知情感上的特殊性，满足用户的心理需求。用醒目的黄色区别并提示特殊的贴身衣物的消毒模块，使得用户对该产品有较好认知能力。

③ 在材料上，产品主体部分主要由塑料和金属制成，贴身衣物消毒模块由塑料和橡胶制成。

④ 在人因上，产品充分考虑用户回家刚进家门这一时间段的行为习惯，根据用户普遍的行为习惯设计产品的使用流程（图1-24），"手部消毒—挂上外衣外裤—放置鞋子—打开箱门，放入口罩、钥匙、手机等随身物品—设定消毒时间—手部再次消毒—消毒完成后，推至窗口通风"。

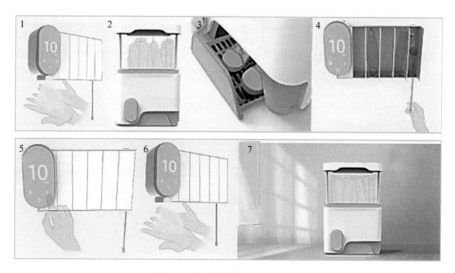
图1-24　家用消杀烘干机的使用流程

2. 产品整合创新设计在生活家居领域的应用

家是构成社会的最小细胞，是用户居住的地方，是温暖的安乐窝，是亲情的储存屋，是身心放松的乐园，是幸福和欢乐的发源地。因此，在家居生活日益数字化、网络化的同时，势必要增加家居用品的亲和力，让家居用品散发着浓浓的、令人舒适的生活气息。以系统论的观点来看，家居用品与家居建筑、家居结构、家居设备、家居电器等都是家居系统中的组成要素，并承担各自的功能，在家居生活中互相作用和影响，共同构成家居系统的整体。家居用品是普通人日常使用的物品，是生活必需品。

随着科学与技术的发展，逐渐出现了"智能家居"的概念，通过物联网中的无线传感技术，使家居产品智能化，并使它们相互串联，用手机或者人工智能的音箱等产品作为终端对它们进行控制。这实际上也是系统整合创新设计在生活家居领域中的应用，运用系统设计中整体统一的设计思维，全面性地思考家居产品之间的关联，将它们看作一个整体，优化使用方式和使用流程，进而提升家居生活的品质。

3. 产品整合创新设计在交通出行领域的应用

交通，指从事旅客、货物运输及语言和图文传递的行业，包括运输和邮电两个方面。所谓交通出行，就是指通过各种交通工具或行为，达到外出旅行、观光游览的目的。从交通出行的发展趋势来看，在未来，交通出行领域呈现两个特点：自动驾驶前景广阔和共享出行效率至上。

以智能共享踏板车为例（图1-25），共享踏板车的出现，极大地便利了用户的生活，但是由于用户在骑行时不遵守交通规则、乱停乱放等问题，给城市的交通环境带来很大的困扰。此外，用户有时需要步行很长时间去搜寻共享踏板车。该产品是一个完全智能的踏板车，附带整个经过量化的生态系统。产品自身负责后端流程，具有自动驾驶的能力，用户可以通过手机远程操控踏板车前来接载，使用完毕后自动地有序停放，重新定位到需求量高的区域。这些使得用户体验更加流畅而愉悦，也使得整个城市变得更加整洁美观。

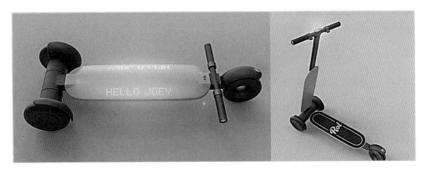

图1-25 智能共享踏板车使用和非使用状态

4. 产品整合创新设计在航空航天领域的应用

航空指飞行器在地球大气层内的航行活动，航天指飞行器在大气层外宇宙空间的航行活动。航空航天大大改变了交通运输的结构。航空航天技术是高度综合的现代科学技术，综合运用了基础科学和应用科学的最新成就，以及工程技术的最新成果。航空航天的发展虽然与军事应用密切相关，但更为重要的是人类在这个领域所取得的巨大进展，对国民经济的众多部门和社会生活的许多方面都产生了重大影响。

以航空航天数字博物馆系统的设计为例，航空航天数字博物馆是基于一个数据中心和分布于各地的多个子博物馆的组成。子博物馆主要用来处理和维护本地的数字资源及相关元数据，并且能够和数据中心进行数据交互操作。数据中心相比各地的子博物馆功能更加强大，它能够获取各地数字博物馆的数据。资源和元数据的副本进行长期存储，这些将是"虚拟博物馆"概念展示品的基本组成元素，数据中心还提供各种服务功能作为整个数字博物馆系统建设的基础设施，同时还能使最终用户无区别地访问各地博物馆的馆藏资源，体验"虚拟博物馆"提供的各种人性化的服务。该系统在实现了航空航天数字博物馆之后，还支持进一步扩展：可以在任何地方配置地方子博物馆系统，维护各种主题的数字资源，数据中心经过简单的配置就可以和新的地方子博物馆系统互联，进行数据交互。通过这种方式，数据中心将完成各地、各类主题的多家博物馆的数字资源整合。航空航天数字博物馆提出了一种数字博物馆系统设计与实现的方法，该系统对现有的数字化藏品进行标准化，并且进行统一管理，使这些藏品能够以多种方式得以在线展示，令用户得到数字博物馆的各种交互体验。

5. 产品整合创新设计在机械制造领域的应用

机械制造业指从事各种动力机械、起重运输机械、农业机械、冶金矿山机械、化工机械、纺织机械、机床、工具、仪器、仪表及其他机械设备等生产的行业。智能化机械制造行业中智能机械的工作形式表现为智能系统，智能系统能够通过分析生产现状，并根据分析结果进行智能化管理。机械制造业的智能化系统具有友好性与适应性，既可以减少管理人员与生产员工之间的矛盾，又可使管理过程更符合实际生产状况。智能化生产设备的引入，不但可以大大提高生产过程中的安全性，减少环境污染，还可以使产品性能更加符合市场实际需求。

6. 产品整合创新设计在家具制造领域的应用

家具制造领域指用木材、金属、塑料、竹、藤等材料制作的，具有坐卧、凭倚、储藏、间隔等功能，可用于住宅、旅馆、办公室、学校、餐馆、医院、剧场、公园、船舰、飞机、机动车等任何场所的各种家具的制造。以办公室家具系统为例，电子经济时代办公环境下，网络作为办公空间里的脉络，需要得到合理的布置与掌控。例如，Optimis办公桌系统的系统整合创新设计分析，Optimis办公桌系统由Herman Miller公司设计，Optimis是一系列由弯曲的金属片材制作而成的现代办公桌和会议桌，其灵感来自折纸工艺。Optimis专为协作而设计，具有灵活和环保的特点，其富于想象力的配件能帮助用户将桌面的各种办公工具和手工艺品整理得井然有序（图 1-26）。

① 在功能上，当用户工作时，收纳槽在桌面提供电源的同时，将各种杂乱的电线收纳在桌子底下，从而提高生产效率。

② 在色彩上，Optimis 提供各种颜色的底座和框架。

③ 在材料工艺上，采用了折纸工艺，通过折叠使原本轻薄无力的纸张变得坚固，并且造型美观。用激光从一整块的金属板材上切下片材，将其压弯和折叠成独特而又坚固的办公桌，这种工艺耗费的材料和能源都比传统方法少，使得 Optimis 具有环保的属性。

④ 在形态上，Optimis 优化了传统办公桌的灵活性和造型，可以按照办公室的需求进行自由组合搭配，其简单明了的产品部件可以重新组合成多种不同的新配置（图 1-27）。

图 1-26　带加长桌面的 Optimis 长桌

7. 产品整合创新设计在文化创意领域的应用

文化创意是以知识为元素，融合多元文化、整理相关学科、利用不同载体而构建的再造与创新的文化现象。文化创意在文化这个领域内进行创新，实际上文化创意最核心的内容就是"创造力"。文化创意产业具有以下特征：第一，文化创意产业具有高知识性；第二，文化创意产业具有高附加值；第三，文化创意产业具有强融合性。

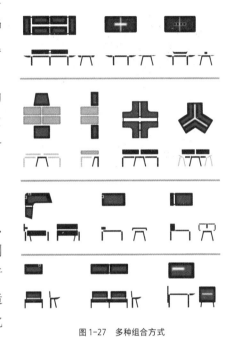

图 1-27　多种组合方式

例如，Mori 大厦数字艺术博物馆的系统整合创新设计分析，Mori 大厦数字艺术博物馆是世界上第一家专门的数字艺术博物馆（图 1-28、图 1-29），来自无国界团队实验室，旨在超越"物质的限制"。数字艺术装置是"场地＋材料＋情感"的综合展示艺术，将数字艺术搬入博物馆，让用户体会脱离物质限制的世界。

① 在功能上，数字艺术装置将超现实的场景搬到了用户眼前，让用户在现实生活中体验到了物质世界的神奇。

② 在结构上，使用了 520 台计算机和 470 台爱普生的投影仪，每个内部被划分为 5 个不同的区域，艺术作品通过这些投影机被生动地展示出来，如草间弥生的无限镜子等内容（图 1-30）。

图 1-28　博物馆虚拟瀑布　　　　　　　　　　　　　图 1-29　博物馆 3D 投影

图 1-30　草间弥生的无限镜子

③ 在形态上，没有固定的形态，所有的一切都超越了物质的限制，给用户新奇的体验和无尽的想象。

④ 在色彩上，色彩丰富，根据不同体验场景，更多地运用科幻类的颜色，使用户沉浸其中。

⑤ 在材料上，玻璃、镜子、光纤导管、渔网等各种各样的材料都能呈现，营造相应的氛围，提供沉浸式的体验。

⑥ 在人机上，设计师参考了谷歌的人工神经网络形成的镶嵌细碎的现实，这种视觉体验能够让用户沉浸在敬畏和惊奇之中，用微妙的感官刺激来获取更好的体验。

⑦ 在审美上，数字艺术利用场地、材料、灯光等综合地展示艺术，增强了现实与幻境的交错感。

8.产品整合创新设计在教育教学领域的应用

教学与教育是部分与整体的关系，教育包括教学，教学只是学校进行教育的一个基本途径。除此之外，学校教育还包括课外活动、社会实践等途径。教学工作是学校教育工作的主要组成部分之一，是学校教育的中心工作。

例如，《魔字天师团》的系统整合创新设计分析，《魔字天师团》服务系统设计（图1-31）联合了中国科学院会同森林生态监测站资源，结合有趣的游戏思维方式，增加了孩子与游戏之间的触点，在游戏实践中孩子学习自然科普知识和文化知识并进行创意绘制，培养孩子的全息思维和创造性思维。

图 1-31 《魔字天师团》的产品合照

① 在目的上，《魔字天师团》帮助孩子学习自然知识和文化知识，养成随时记录的习惯，锻炼实践能力，培养创造性思维和科学务实的精神。

② 在内容上，线上博物知识系统构建并不断更新，结合售卖书籍和周边的盈利模式，以此形成闭环的服务系统（图 1-32）。孩子通过报名的方式集体进入中国科学院，开启天师团之旅，教师讲解植物生态知识，孩子们通过尝、闻、摸等方式对植物进行"五感"体验，并将所得信息相应地记录在工具册上。孩子通过完成任务、领取奖励反馈的方式进入天师团。

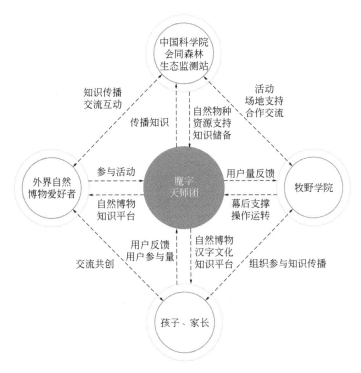

图 1-32 《魔字天师团》的利益相关者

③ 在功能上，运用服务设计思维，连接利益相关者，构建一个循环的《魔字天师团》系统，中国科学院会同森林生态监测站、牧野学院、孩子和家长、外界自然博物爱好者，彼此反馈互动、交流传播。

④ 在形态上，《魔字天师团》中的玩偶产品的造型特点继承游戏基本特点，人物形态具有个性化的同时，却不失其亲和力。其徽章和摆件的设计形态主要以 3 ~ 10 岁孩子成长的生理年龄，设计其尺寸大小。

⑤ 在色彩上，其色彩的运用主要以自然色调为主，清新、素雅。整体色调较和谐，符合自然色的特点。

⑥ 在材料上，主要采用塑料、纸张，同时也考虑到了成本和用户的接受能力。

⑦ 在技术上，采用沉浸式游戏化体验的方式，让孩子们能通过游戏情景融入，在玩的过程中一步一步地积累自然知识，最终把知识转化为艺术创意。

⑧ 在审美上，配套书籍绘本通过对象形文字的简化重组，总结了大自然造字的创意规律：将自然界有生命的东西由"体"简化成"面"，由"面"简化成"线"，由"线"简化成"点"，鼓励孩子们从日常生活中发现大自然的魅力之处，提高对大自然的感知力，这也是提高审美不可或缺的一部分。

不管是有形的设计载体还是无形的服务设计等，其系统性的思维与用户行为方式的有机结合，在当今日益复杂化的"人—社会—自然"的系统关系中具有重要的现实意义。首先，系统整合创新设计是维护生态平衡，寻求"人—社会—自然"可持续发展的有力保证。其次，系统整合创新设计是保证产品功能意义实现的有效方法。只有从设计载体的生命周期出发，在不断发展变化的生活方式中挖掘产品与外部环境作用的意义，才能进行合理的设计定位，提高设计价值。最后，系统整合创新设计是形成产品的有效方式。通过系统分析、系统要素和结构的协调可以创造出多样化的设计方案，在多种方案之间通过系统性的综合、优化而得到最优化的设计方案，这是产品实现创新的有效方法。

第
二
章

系统整合创新
设计要素

第一节　系统整合创新设计要素构成

一、基本概念

1. 系统与要素

要素是指具有相似关系和特点的基本因素，也是构成事物的必要因素。系统是由要素构成的，是要素与要素之间按照一定的规则组合在一起所形成的整体。传统的产品设计，往往着眼于产品的功能、结构、材料、形态、色彩等具体因素，在功能决定形式的理念下，针对具体的功能目标结合生产技术条件，完成整个设计过程。但从系统设计观来看，这仅仅只是产品设计的微观系统构成。微观系统是一个相对封闭的内部系统，针对的是设计对象可视范围内的系统范畴，即开发对象所必需的、不可或缺的系统要素及其内部子要素。

从今天的消费类产品的现状及发展趋势来看，产品必须在特定的社会文化环境中被消费者使用，才能实现其功能，即产品必须与外部环境相关联。在产品设计中将社会、经济、时代、环境、用户等各方面的相互关系及影响作为系统要素，形成了更为开放的宏观系统，即产品设计的外部系统。从某种意义上讲，微观系统与宏观系统的区别不仅在于封闭性与开放性，而且还在于一个是将设计对象作为独立系统，一个是将设计对象作为广义系统中的内部要素。

2. 系统设计要素

在综合考虑产品系统开发流程、产品生命周期系统、产品使用环境系统等综合体系后，产品系统设计的要素可分为内部要素和外部要素（图2-1）。内部要素主要是指狭义上的，仅仅是针对所要开发产品可视范围内的系统范畴，即所要开发产品必需的、不可或缺的系统要素。包括围绕开发产品最紧密的要素及其内部的子要素，即功能要素、材料要素、结构要素、色彩要素、形态要素和人因要素。外部要素是指广义上的，考虑与SET（Society–Economy–Technology，社会—经济—技术）、时间、环境、用户等要素之间的相互关系及影响。简而言之，一件产品可以看作是一个要素，也可以是一个系统。

3. 系统要素的主要特征

（1）要素的超个体性

系统论的次优化原理体现了整体大于部分之和，只有协调好各要素的关系才能充分发挥其作用。要素的自然本质是指在不考虑要素所隶属的系统情况下，要素作为独立的客体所具有的属性，如各种不依赖于系统的物理、化学性质的固有形式等。认识要素的自然本质，可以通过要素本身的研究获得，然而要素一旦成为系统，则表现出新的性质，这种性质是超要素、超个体的，没有具体形态的性质。

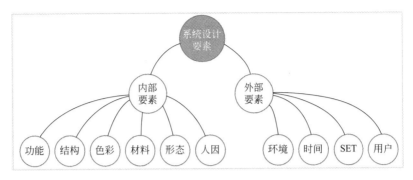

图 2-1 系统设计要素

（2）要素的非平衡性

在复杂系统的多种要素中，各个要素在系统中的地位和作用并不都相同。对于不同设计载体来说，在系统整合设计中起到重要作用的要素，一般会处于系统的中心地位，各种要素也会因条件的改变而发生变化。因此，每一个设计载体都由其突出的设计要素去解决某些问题，才会使所设计的不同载体满足用户的需求。

（3）要素间的互动性

系统中多种要素之间具有相互促进、相互制约的关系，这种相互促进和相互制约的要素一般处于相互作用的动态变化过程中。只有相互影响、相互依存才能发挥各个要素间的相互作用和相互反馈的结果。互动性不仅仅是各个要素之间的特征，更是产品整体与用户之间的特征，这一点在目前流行的交互设计、用户体验设计、用户研究等都可以得到体现。因此，要素间的互动性是一个不可忽视的重要特征，是决定产品创新性和功能取向的重要关注点。

二、内部要素

产品作为一个独立的系统单元，其目标是通过系统内部各要素的有效组合来实现其价值，并在此基础上满足外部要素的要求。

1.功能要素

功能是指产品所具有的效用。产品只有具备某种特定的功能才有可能进行生产和销售。因此，产品实质上就是功能的载体，实现功能是产品设计的最终目的，而功能的承载者是产品实体结构。产品设计与制造过程中的一切手段和方法，实际上是针对依附于产品实体的功能而进行，功能是产品的实质。产品的销售过程是以实体形式进行，而用户所购买的产品往往会超越产品实体之上的功能，如体验、服务等。但在支撑产品系统的各个要素中，产品通常会以功能要素为主体，这也决定了产品以及整个产品系统的意义。简单来说，功能定义就是运用简洁、易懂的语句来说明所研究对象的整体及其组成部分的功能，以此来限定每个功能的内容以明确其本质，即回答"这是什么"和"它是用来干什么的"。如图2-2所示，明确展示了戴森智能电吹风的功能。

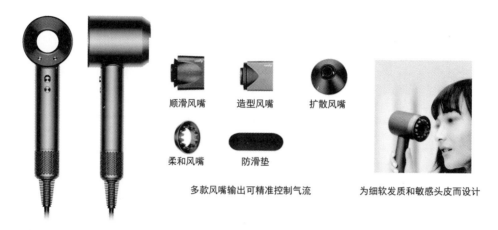

顺滑风嘴　　造型风嘴　　扩散风嘴

柔和风嘴　　防滑垫

多款风嘴输出可精准控制气流　　　　为细软发质和敏感头皮而设计

图2-2　戴森supersonic HD03智能电吹风的功能示意图

2. 结构要素

功能是系统与环境的外部联系，结构是系统内部各种要素的联系。功能是产品设计的目的，结构是产品功能的承担者，产品结构决定产品功能的实现。结构既是功能的承担者，又是形式的承担者。因此，产品结构必然受到材料、工程、工艺、商品使用环境等诸方面的制约。产品是由若干零部件以某种方式组合连接而成，从产品设计的角度来看，可以将结构解释为构成产品的零部件形式及零部件间连接的方式。

产品结构可分为三部分：外部结构、核心结构和系统结构。

（1）外部结构

外部结构不仅仅指外观造型，而是包括与此相关的整体结构。外部结构是通过材料和形式来体现的。一方面是外部形式的承担者，同时也是内在功能的传达者。另一方面，通过整体结构元器件发挥其核心功能，也是设计首要解决的问题。而造型能力、材料和工艺知识是优化结构要素的关键所在，也不可把外部结构仅仅理解成表面化、形式化的因素，在实际设计中也会受到其他各种因素的制约。

（2）核心结构

所谓核心结构是指由某项技术原理形成的具有核心功能的产品结构。核心结构往往涉及复杂的技术问题，而且分属不同领域和系统，在产品中以各种形式产生功效。例如，戴森V8 Absolute家用手持无线大功率吸尘器（图2-3）的电机结构及高速风扇产生真空抽吸的原理，作为一个独立部件而设计并生产，也可以看作是一个整体的模块。通常技术性较强的核心功能部件需要专业化的精密生产，生产厂家或相关企业需要专门提供各种型号的系列产品部件。

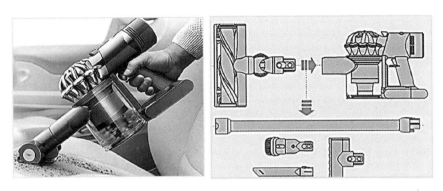

图 2-3　戴森 V8 Absolute 家用手持无线大功率吸尘器的结构

（3）系统结构

所谓系统结构是指产品与产品之间的关系结构。外部结构与内部结构分别是一个产品整体下的两个要素，即将单个产品看作一个整体。系统结构是将若干个产品所构成的关系看作一个整体，将其中具有独立功能的产品看作要素。系统结构设计就是物与物的"关系"设计。常见的结构关系有：分体结构、网络结构、空间结构。分体结构是相对于整体结构而言的，即同一目的不同功能的产品关系分离。例如，常规计算机分别由主机、显示器、键盘、鼠标器及外围设备组成完整系统。网络结构由若干具有独立功能的产品相互进行有形或无形的连接，构成具有复合功能的网络系统。如计算机与计算机之间的相互联网，计算机服务器与若干终端的连接以及无线传呼系统等。空间结构是指产品在空间上的构成关系，也是产品与周围环境的相互联系、相互作用的关系。

3. 人因要素

为了实现产品与人的身心之间取得最佳的匹配关系，因而在设计中还须考虑这一匹配关系所涉及的一切有关人的因素，也就是人因要素。它广泛地涵盖了包括人类工程学要素、心理学要素和社会学要素以及审美要素，这已经超越了人类工程学中可以量化的人因范畴。不同的设计对象，设计中所要考虑的人因要素的内容及范围有所区别，但至少应该考虑以下几种人因要素：生产者、营销者、使用者、回收者。

（1）生产者

生产者即生产流程中的各种角色的"人"。人在生产过程中所发挥出来的效率和质量将关系到产品的成败，而设计则是影响效率和质量的前提条件。例如，在设计时充分考虑生产线与装配流程，以及工艺的特点和生产管理方式，最大限度地与之相适应。同时，还要考虑人在这些过程中进行操作的特点，尽可能减少装配部件和装配工序，优化装配方法，降低组装难度等。这样既能节约时间，又能提高质量。总之，要站在生产者的角度去考虑设计中的具体问题，包括产品在生产过程中的储运方式等方面的影响。

（2）营销者

产品的经营活动是将产品转化为商品的重要过程。生产出来的产品在未进入市场流通之前，还不能称之为商品。只有通过商品化的运作后并在市场流通，才能实现产品的最终价值。营销活动不仅仅只是产品的贩卖，也有相应的系统方法。营销活动中，人的能动性至关重要，设计时需要根据产品与市场环境、用户需求等的匹配关系做出相应的营销策略。例如，在促销策划时，广告部门还会根据产品的特点进行创造性的视觉设计，同时促销时也会采取各种手段对产品的功能、性能及结构进行充分的展示。另外，产品销售时还要涉及诸多其他的因素。例如，送货、安装等售后的服务，以及包括移动、运输、仓储、商品分类等，并且还需要适应各种不同的卖场环境等因素。

（3）使用者

产品设计是基于各种适用技术，在广泛的领域里进行的创造性的活动，必须凭借科学技术的成果来进行产品制造，最终被人所使用。但产品能否很好地被人所用，取决于多方面因素，对于产品设计者，必须全面关注人的因素。产品设计就是最终将产品与人的关系形态化，即产品的效能只有通过人的使用才能发挥，而人能否适应产品，并正确有效地使用产品，又要取决于产品本身是否与人的行为相匹配。这种产品与使用者之间相互依存和制约的关系，往往就体现在产品的具体形态之中。

（4）回收者

在大量生产和消费时代，产品的更新周期日益缩短，同时也会造成一定程度上的浪费，而产品的有效回收、再利用是设计必然考虑的重点内容。要使产品在到达生命周期终点时能继续产生其价值，还需设计者考虑产品是否可以回收再利用，以达到其更新与迭代。不同产品有不同的回收方式，主要分为整体型回收和拆解型回收。

4.形态要素

形态一般指事物在一定条件下的表现形式。在设计用语中，形态与造型往往混用，因为造型也属于表现形式，但两者却是不同的概念。造型是外在的表现形式；形态既是外在的表现形式，同时也是内在结构的表现形式。通常将形态分为两大类，即概念形态与现实形态（图2-4）。概念形态是不能直接被感知的抽象形态，无法直接成为造型的素材。而如果将它表现为可以感知的形态时，即以图形的形式出现时，就被称为纯粹

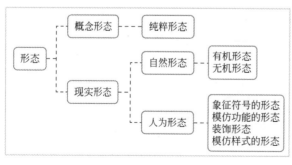

图 2-4 形态要素的构成

形态。纯粹形态是概念形态的直观化，是造型设计的基本要素。现实形态是实际存在的形态，也可分为两类：一是自然形态，即山水树木、花鸟虫鱼等；二是人为形态，如产品、建筑等。

产品是功能的载体，形态则是产品与功能的中介，没有形态的作用，产品的功能就无法实现。形态还具有表意的作用，通过形态可以传达各种信息。如产品的属性（是什么）、产品的功能（能做什么或怎么做）等。现在，已经有各种理论形态研究对于产品的意义，其中较为典型的理论方法就是产品语意学。形态之所以能传达意义，是因为形态本身是个符号系统，是具有意指、表现与传达等类语言功能的综合系统。而这些类语言功能的产生，是出于人类的感知力。人类的感知能力是客观存在的，人类总是会对某些形态做出相应的反应。例如，对于各种不同形状的按钮或旋钮，用户可以本能地根据按钮或旋钮的形状做出按、拨、旋等正确的动作。

5. 色彩要素

色彩是由物体发射、反射的光通过视觉产生印象的颜色集合，色彩是随着用户情感的不同、认知的差异而千变万化的。一般情况下，产品色彩要与产品的外观造型相符合，使产品的外观更加统一。随着同质化时代的到来，色彩的重要性也日益显现。为了强化市场营销的动力，满足用户的感性需求，在进行产品设计时，可运用色彩的特质来加大与其他同类产品之间的不同，创造多样化、个性化和差异化，避免与竞品之间的同质化，以此来添加其在未来市场上制胜的砝码。

（1）产品色彩设计

色彩在表现产品承载功能方面起着关键作用，可以说形色不可分。色彩同形态一样，也具有类语言功能，能够传达语意。在进行色彩设计时，往往利用人们约定俗成的传统习惯，通过色彩产生联想，或者将色彩与形态一同视为符号，利用这种色彩符号暗示功能、传达意图。色彩与产品功能的关系通常表现为以下方面：第一，通过色彩结合形态对功能进行暗示，如电器的按钮或产品的某个部位用色彩加以强调，暗示功能。第二，通过颜色制约和诱导行为，如红色用于警示，绿色表示畅通，黄色表示提示。当然，地域、民族的不同，对色彩的感受也有差异，因此，色彩的暗示作用也不尽相同。但许多指示性色彩已存在国际标准，如红色表示"STOP"，绿色表示"START"。第三，通过色彩象征功能。色彩的象征功能有些是根据色彩本身的特性所决定的，有的则是约定俗成的，如我国的邮筒用的是绿色，有的国家则是用橘红色。色彩的象征作用是明显的，同时也是非常微妙和复杂的，不同民族、不同地域和不同文化背景，对色彩的理解是不一样的。但人类的感性具有共通的一面，对色彩的直观感受也存在很多共性，这也正是色彩产生象征作用的基础。将色彩的象征作用应用于产品设计，仅围绕产品本身是无法展开的，根本上还要取决于对色彩原理的掌握，而且还需对人的认知心理进行研究。

（2）色彩管理

所谓色彩管理就是从企业的总体目标出发，在从产品计划、设计到营销、服务等整个企业活动的所有环节中，以理性的、定量化的方法对所使用色彩的色相、明度、灰度进行统一控制和管理。色彩管理实质上是一个技术性的过程，即将已定案的色彩计划在严格的技术手段控制下付诸实施，使最终产品能准确地体现设计意图。

6. 材料要素

材料是产品设计的载体，是产品造型的基础，产品造型的塑造都要以材料为基础，一个优秀合格的产品造型设计不是单一的产品形态上的设计，同样还要考虑材料的选择是否满足产品的功能。材料是工业设计造型的物质基础，不依赖于人的意识而存在，它是构成产品造型的物质。

随着材料的日渐丰富，材料对于产品的限制也逐渐被打破，很多概念设计由于材料加工技术的发展逐渐被实现。现代许多材料已经被人们运用得非常熟练了，特性也掌握得十分牢靠，可以根据需要做到许多的变化。在人机交互时，不同肌理的材料影响着用户的触觉和视觉，甚至对用户的情感起到一定的作用，从而影响设计的体验。因此材料要素的把握对于整体的设计具有很强的价值意义。

三、外部要素

1. SET 要素

SET 要素是指社会－经济－技术要素。社会、经济和技术要素的改变会创造出新的趋势和产品机会缺口。例如，面对 SET 分析模式下智能居家养老交互产品系统的重点缺口，如图 2-5 所示，在用户调查基础上将产品机会重点缺口的价值机遇转化为总体的、代表性的产品设计准则。

社会(S)	经济(E)	技术(T)
养老模式	体验经济软消费	穿戴式设备
积极面对老龄化	养老地产开发热	物联网
独居老人受关注	银发经济	云计算
亲情沟通问题	退休金	人脸识别
子女外出工作	为服务付费	情绪交互
服务社区化	电子商务	GPS定位
老有所乐理念	健康投资	智能感知技术
历史文化传承	花钱买开心	记忆材料
生活质量提高	情感投资	平台服务
	通货膨胀	智能手机系统

图 2-5 智能居家养老交互产品的 "SET" 要素关键词

例如，针对智能居家养老的现有产品存在的不足，应解决以下问题：在社会层面上，填补社会养老模式的缺口，使老年人积极面对老龄化；在经济层面上，使老年人愿意体验软消费产品；在技术层面上，发挥穿戴式设备、物联网和云计算的技术优势等。因此确定智能居家养老交互产品设计准则，通过产品创新促进沟通交流，完善智能养老模式；实现符合老年人心理价位的产品将促进"银发经济"的发展；将医疗技术合理地融入养老系统，实现移动健康管理。最终归纳智能居家养老产品机会缺口的设计准则，即进行产品硬件、软件及支撑网络平台的系统设计，以实现养老交互产品系统的创新（图2-6）。

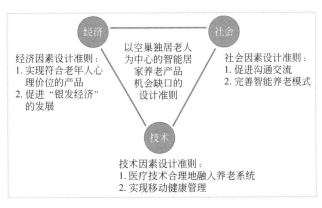

图 2-6　SET 要素下的养老交互产品机会重点缺口深度分析

2. 时间要素

时间要素主要指产品开发所需时间。产品开发所需时间是对整个设计流程时间的把控，影响产品开发所需时间的因素很多，如产品所需技术的高低，需要整合的零件数目的多少，零件装配的难易程度，参与开发工作的人员数目以及人员组成的多样性程度等。

3. 用户要素

用户的分类有很多种，一般用户包括直接用户和间接用户。直接用户包含使用者和消费者；间接用户所指的范围比较广泛，包括产品的开发人员、管理人员、营销人员、后期的维修人员等。进行产品设计，设计者首先需要确保产品必须要有用户需求，以及用户真正的需求是什么。用户越来越注重使用产品时的感受而不仅只是满足于完成目标任务。因此，往往设计中，其用户的体验是构成用户要素中不可缺少的一部分，用户体验通常是指人们从日常生活出发，塑造良好的感官体验，并得到用户的心理上的满足和需求。

例如，"赛格威路萌"智能平衡车设计，此款产品不仅拥有优秀的工程学设计，其独特的外形设计也深得用户的喜好，同时其很强的传感器和计算力，以及能够独立运转的智能系统，也是用户购买的主要因素。它可根据用户的需求进行自主跟随，根据用户的偏好进行 AI 编程，同时也不缺乏其平衡车的概念。

4. 环境要素

在产品设计中考虑环境要素，其实质就是绿色设计，这是对传统产品设计的发展和完善。由于产品在生命循环的每一个环节中都会造成环境问题，因此绿色设计必须是面向产品全生命周期的设计。绿色设计的产品生命周期是指从原材料生产到产品生产制造、装配、包装运输、销售、使用、回收重新利用等全过程。绿色设计扩大了产品生命周期，传统产品生命周期仅仅是从生产投入到使用为止，而绿色设计则将产品生命周期延伸到下一个循环。绿色设计可以使构成产品的零部件材料得到充分的利用，使产品在整个生命周期中能耗最小，可以减轻甚至消除产品生命周期末端的压力，即减少废弃物、垃圾污染，以及社会在这方面人力物力的投入。如图 2-7 所示，是一个可以多次循环使用的

图 2-7　基于环境要素设计的环保纸杯

环保纸杯，外部采用 100% 有机材质和可再生成型纤维的硬纸壳做成，内壁使用 100% 树脂材质，不仅具有很好的密封性能，饮用也更加放心。因此，产品系统设计不仅仅只考虑产品本身，也要考虑产品在制作生产过程中所耗费的资源，更要考虑产品在废弃之后的回收降解问题。

绿色设计所要达到的产品绿色化目标，并不只是在某一个环节上加以注意便可，而是要在产品整个生命周期的各个阶段、各个环节上都需具有绿色设计意识。不仅如此，还必须借助于系统的方法进行并行设计，以系统思想为指导，以产品生命周期分析为手段，集现代设计方法、工程技术（如模块化设计、系列化设计等）为一体的系统化、集成化方法进行整体设计。

通过对产品系统设计各组成元素的细分，要求设计者在设计过程中思考各类要素，以及思考每个要素的分量和把握各个要素的尺度。时间要素要求用发展的眼光看待设计；用户要素要求考量用户的情感所需，尤其是目前在交互体验融合的趋势下更要注重用户要素的思考。

四、要素的解析

1. 功能要素的案例分析

功能要素是产品当中的核心内容，它是组成一件产品的重要部分，也是连接结构和外形不可少的要素之一。

来自纽约的 Ebite Inc. 公司设计了一组轻巧易用的模块化沙发伴侣设备——沙发控制器（图 2-8）。它是一个四角带有弧度的方形托盘，兼具了自平衡杯子托架、零食托盘、手机托架、充电托架、遥控器摆放盘、储物格子等众多功能。每个模块各自独立，能根

据自己的需求拼装成多种组合。沙发控制器的核心特点是有简单的几何外形和清晰的自定义功能分区。首先，使用功能上，最吸引人的地方是托架，它有一个带配重的机械陀螺仪的自平衡杯托，无论托架在什么角度，都可确保放置的杯子始终不会倾倒，而且其托架的尺寸可以适合大多数杯子使用；另外，将最常用的手机充电功能设置在沙发控制器的顶端，以方便用户可以方便、快捷地连接。其次，空间设置功能上，为了将家居常用小物品能够最大限度地收集在一起，设计师使托盘的模块彼此独立，并且在各模块的空间设计上做了一个调节挡板，用户可以按照自己喜欢的方式自定义布局，让沙发控制器的定制化特点较强。最后，材料功能上，沙发控制器使用了循环再用的塑料泡沫，符合环保的理念，特别是在耐用性、耐摔性方面经得起考验。一个托架，将普通人在家休息、玩耍和工作时需要摆在身边的所有小物件都有序、有趣地放在一起，让人感受到设计师的设计既有创意又富有生活气息。

图 2-8　沙发控制器

2. 结构要素的案例分析

结构是产品内部各要素所占比重和关系之和的具体体现，由于产品是由若干零部件及某种组合方式组合连接而成，因此从产品设计角度来看，可以将结构解释为构成产品的零部件形式及零部件间组合连接的方式。以挤压水桶为例，"占面积、占体积"一直都是传统盛水类产品的通病。如图 2-9 所示，可以清楚看到，挤压水桶是一个非常规的折叠结构的水桶。这种折叠结构很好地解决了盛水器皿"占面积、占体积"的问题。在未充水的情况下，该产品通过默认折叠使得体积变小，并且在使用过程中，也会因为水量的减少而折叠。这是一个通过结构来解决产品特殊情形下占地面积、占体积的产品。

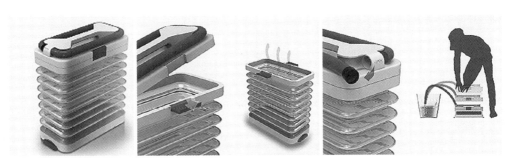

图 2-9　挤压水桶及结构展示

3. 色彩要素的案例分析

随着产品同质化时代的到来，色彩的重要性也日益显现。为了强化市场营销的动力，满足用户的感性需求，在进行产品设计时，运用色彩的特性来加大与其他同类产品之间的不同，以创造多样化、个性化和差异化的产品来提高产品的独特性，是企业经常会用到的一种产品创新的方法。

图2-10　Apple iMac G3

例如，1998年发布的Apple iMac G3（图2-10），在1999年发布了五彩的配色，透明的塑料机身搭配炫彩的颜色，像彩虹糖一般，使得原本令人感觉沉闷呆板的方正造型的电子计算机变得年轻活泼，具有划时代的色彩运用意义。

产品系统设计中色彩具有易分辨、提示功能。一寸标签打印机（图2-11），黑白的色彩搭配，加上红色按键的设计，既强调功能，又显示出办公的严谨。如图2-12所示，澳大利亚一支设计团队Büro Nort在斑马线前设计了一款嵌入地里的地表红绿灯，红绿灯采用了LED点阵式设计，行人低下头玩手机也可以觉察到红绿灯的变化，可有效降低因低头玩手机引起的交通事故。

图2-11　一寸标签打印机

4. 材料要素的案例分析

材料是产品设计的载体，也是产品造型的基础与根本。优秀的产品造型设计不是单一的产品形态上的创新，同时也要考虑材料的选择上是否满足产品的功能。产品设计的过程，实质上是对材料的理解和认识的过程，是设计者有意识地运用各种工具和手段将材料加工塑造成具有一定形状的实体。这一过程是合乎设计规范的"认材—选材—配材—理材—用材"的过程，同样也是"造物"与"创新"的过程。材料伴随着人类社会的发展而发展。同时在设计的发展历史中，材料对设计观念的变革也起到了转折性的作用。每一种新材料的发现、发明

图2-12　地表红绿灯

和应用，都是一种新设计语言的诞生和成长，刺激并推动了产品设计的发展。新材料的研发与应用为设计的发展提供了更多的可能性与方向性。

材料是设计的基础，没有材料支撑的设计只会停留于概念阶段。因此衡量一件作品的好坏，不仅只是考虑产品的功能、外观、结构等因素，还应考虑产品的选材是否与工艺有完美配合。如图2-13所示，胡芦因其造型优美简约、外壳坚硬，在中国云南梁河将

葫芦作为一种民间乐器在使用。而日本的设计师将葫芦设计成了葫芦音响。葫芦音响在设计上利用其材料的特性和其形态简约的特点，将产品的功能、造型和结构设置及其用户使用方式上都完美地整合在了一起，实现了材料在"用户 – 产品 – 自然环保"上的整体生态系统的和谐统一。

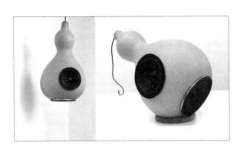

图 2-13　葫芦乐器

5. 形态要素的案例分析

形态是人们对产品的第一直观感受，它表现出一定的性格，拥有自己独具特色的生命力，能够让人在使用过程中产生直观的心理及生理反应。如图 2-14 所示，这款背包的设计灵感来自拥有大型角质鳞片的哺乳动物——穿山甲，这款产品是 2010 年 Steel Pencil Design Award 的获奖作品，造型奇特前卫，十分酷炫。

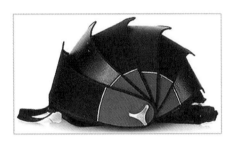

图 2-14　穿山甲形态的仿生背包

6. 使用空间要素的案例分析

空间要素主要包括产品所占空间和产品所处的空间两个方面。产品所占空间可以分为两部分：实空间和虚空间。实空间是指产品本身所占用的空间；虚空间是指不被产品本身占有的空间，但是却参与产品的形成。有些产品的实空间和虚空间是并存的。以水杯为例，当你拿起水杯喝水的时候，你会切实地感觉到它的存在。就杯子的实空间而言，水是在杯子外面的，不可能在杯子的实空间里面，但是从杯子提供空间来装水而言，水却又在杯子里面。与其说杯子的功能是装水，不如说杯子存在的意义是为了给水提供储存的空间。这两种空间虚实相生，实空间为杯子的存在提供了前提，而虚空间却又为杯子的实用性提供了保障。产品所处的空间主要是指产品的使用空间。使用空间的不同也必然会影响产品设计的不同。

以 HOVR 椅子为例（图 2-15），HOVR 椅子底部是两个脚踏板，上面是绑带，用户可以根据自己的运动强度，用双脚做任意拉伸。HOVR 椅子本身并没有太多技术含量，但是它的最大价值体现在将工作空间和健身空间融为一体。HOVR 椅子利用了桌下的闲置空间，将本属于健身房空间的内部活动移植到工作的空间环境中来，重新定义了工作环境，实现了"工作＋健身"的巧妙结合。

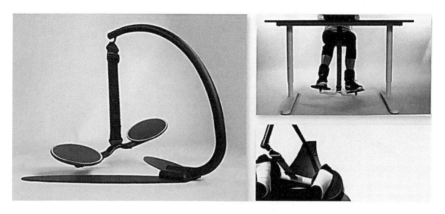

图 2-15　针对办公空间设计的 HOVR 椅子

7. SET 因素的案例分析

这里以互联网造车为例进行分析。技术变革是所有变革的先导，随着电池技术、互联网技术、通信技术、人工智能技术的成熟，造车对于"门外汉"来说已经不是什么难以企及的梦。在"大众创业、万众创新""互联网＋"等政策背景下，大量互联网公司基本都参与造车运动，如百度、阿里巴巴、腾讯等。从经济和社会背景上看，由于各类风险投资和基金涌入造车行业，也催生了一批全新的公司，如蔚来汽车、车和家、智车优行、小鹏、博泰等（图 2-16、图 2-17）。

图 2-16　谷歌自动驾驶汽车

图 2-17　蔚来 ES8

随着互联网造车的发展，社会层面的因素是由于人们对环境保护越来越重视、对智能化的生活有了新的期待。经济层面的因素是我国经济水平不断提升的同时，企业未来的发展方向也在不断地发生变化，经济发展水平的提高，加快了互联网造车的新势力。从技术层面来看，能源技术、互联网技术、人工智能技术的提高，催生了这一新行业并使其得以快速发展。

第二节　系统整合创新设计要素模式

一、模式的构成要素

产品是在社会大环境背景下，基于特定的用户需求而设计生产出来的商品，而社会环境作为最基础的存在能够影响人的需求。因此，在综合考虑产品系统开发流程、产品生命周期系统、产品使用环境系统等综合体系后，将整个产品系统主要分为三个子系统——产品的子系统、人的子系统、社会环境的子系统，三者层层相叠，从而构成了一个产品系统（图2-18）。这里产品的子系统指的是狭义上的，仅仅针对开发对象可视范围内的系统范畴，即开发对象所必需的、不可或缺的系统要素（功能、结构、人因、形态、色彩、环境）。人的子系统指的是用户在社会中的各种需求。社会环境的子系统则包含整个社会大环境系统，主要包括政治、经济、文化、科技要素，四个要素之间相互串联、相互渗透、相互影响。

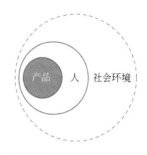

图2-18　产品系统设计各元素关系图

在一个设计系统中，系统和要素之间也是一个有特定功能的有机整体。现代设计的环境已发生了巨大的变化，影响设计的因素更为复杂，以往那种凭借设计师的直觉和经验开展设计的方法受到很大的挑战。系统性思考是非线性的、注重多向问题的探究，其思维是面性的，甚至是立体性的。因此，系统设计需要带着一定的目的，把对象作为整体来看待。系统设计是合理开发、设计和运用系统的思想和方法论，是将对象看作由多重因素交织构成的一个系统，并以此为基点展开创意。

1. 产品的子系统与产品系统设计的关系

（1）功能要素与产品系统设计的关系

功能决定产品以及整个系统的意义，是产品设计的最终目的。设计与制造的过程是围绕产品功能进行的，因此在支撑产品系统的诸要素中，功能要素为首要要素。世界上没有无任何功能的物体，既然它客观存在，则必然有它存在的理由。一个产品的功能设计的好坏往往是满足用户需求最直接的表现，功能在产品的可用性和易用性方面是最主要的考核标准之一，它和其他要素共同对产品的体验优化占有同样重要的地位。但从功能这个角度理解，产品在本质上是为满足人类生活各方面的需要。

（2）结构要素与产品系统设计的关系

任何产品都有结构。结构是功能要素实现的载体，也是产品形式的依据，是产品系统中各要素的组成关系。结构是与产品形态紧密相关的，是形成产品功能与形态的一个重要因素。结构的学习对于产品设计具有很强的重要性，作为一名结构工程师需要学习机械设计、机械原理、机械制图、工程材料、塑料成型、机械加工、理论力学、材料力学等学科课程。

（3）人因要素与产品系统设计的关系

在产品设计过程中，提到人因要素，自然就会想到产品的最终用户——消费者，这是产品设计师必须重点考虑的因素，但同时不能忽略另一层意义上的人，即从产品诞生到消亡的全寿命过程中的所有"人"。一件产品从"完成设计"到"最终到达消费者手中"，其中要经历许多必不可少的复杂过程。无论什么产品都是集约了各种知识和技术，因此，必须要有各种不同角色的"人"的作用，才能使这个过程得以有效完成。产品系统是人的创造物，从产品诞生到消亡的全部过程与人的关系是密不可分的，从设计者到生产者，再到销售者及使用者，均与产品发生着必然的联系，因此人因要素成为产品系统设计的重要因素。

（4）形态要素与产品系统设计的关系

在产品设计中，形态是一个产品带给用户最直接的实际映象，是提高产品附加值的最有力的要素之一，产品形态的好与坏，也会直接关系和影响产品的销量和市场占有率。首先，形态是产品与功能的客观体现方式，没有形态的存在，就没有产品及其功能的存在。其次，形态传达着产品的属性与功能，对于产品具有重要的表现意义。再次，形态语义学是研究形态的象征性，通过隐喻、暗示及相关性的手法来表达产品的意义。最后，形态本身是一个符号系统，是具有意指、表现与传达等类语言功能的综合系统。

（5）色彩要素与产品系统设计的关系

色彩在摄影、广告设计、展示设计、室内设计、产品设计等中都占有相当重要的地位。色彩是产品设计中的重要语言和要素，在设计中巧妙地应用色彩感情的规律，充分发挥色彩的暗示作用，能引起大众的广泛注意和兴趣，从而产生种种联想。色彩学作为一门独立的学科，有其基本的规律与属性，色彩感受虽然因人而异，但具有共性的一面。色彩要素在产品设计中的价值：首先，色彩是形成人们审美观的主要途径；其次，色彩既是一种感受，又是一种信息；最后，色彩美已经成为人们物质和精神上的一种享受。产品的属性搭配相对应的颜色更能区别出其他的同类产品，具备很高的识别价值，用户可以根据自身需求直观选择想要的产品。

（6）环境要素与产品系统设计的关系

环境是指人类生存的空间，是可以直接或间接影响人类生活和发展的各种自然因素。产品系统设计中的环境要素，则具体体现为环保设计、因地制宜、情感设计等理念。随着社会资源的日益减少、自然环境的被破坏及用户需求的转变，设计也越来越具有社会化趋势，设计者们越来越多地往人文化方向发展，在满足用户各种需求的同时努力平衡好人与环境的关系。

2. 人的子系统与产品系统设计的关系

人的子系统在一定程度上决定了产品的子系统，只有当人的子系统层面有了明确方向和目的，产品的子系统才得以成立，产品才能够真正被人使用。与人机交互系统中将人的系统机械化地作为反应机制不同，这里更加强调人在社会生存所需要的各种需求和对外界的情感反馈，更加注重人与产品、与外部环境的关系。根据马斯洛需求层次理论，将人的需求从低到高依次分为生理需求、安全需求、社交需求、尊重需求和自我实现需求，人只有在满足了低层的需求之后才会向高层需求发展。

3. 社会环境的子系统与产品系统设计的关系

（1）政治因素与产品系统设计的关系

政治是指政府、政党等治理国家的行为，是以经济为基础的上层建筑，是经济的集中表现，是以国家权力为核心展开的各种社会活动和社会关系的总和，是牵动社会全体成员的利益并支配其行为的社会力量。政治对外表现为政府，对内表现为治理。对设计而言，一般影响较大的是治理层面，即国家的政策，这在一定程度上是国内社会情况的风向标，能够反映一定的社会发展趋势。设计师作为公民，必须在符合国家法律规定的基础上进行设计活动。

（2）经济因素与产品系统设计的关系

经济是价值的创造、转化与实现，人类经济活动就是创造、转化、实现价值，满足人类物质文化生活需要的活动。经济是与大众生活最近、最息息相关的因素，与设计相关的最直接的表现之一就是用户的生活水平与消费水平。设计必须要与大众生活相贴合，要设计出符合用户消费能力的产品。

（3）文化因素与产品系统设计的关系

文化是相对于经济、政治而言的人类全部精神活动及其产品。它包括智慧群族从过去到未来的历史，是群族基于自然的基础上所有活动内容，是群族所有物质表象与精神内在的整体。人类文化内容具体指群族的历史、地理、风土人情、传统习俗、工具、附属物、生活方式、宗教信仰、文学艺术、规范、法律、制度、思维方式、价值观念、审美情趣、精神图腾等。文化对设计的影响是显而易见的，比如不同国家、不同地区的设计风格和设计偏好都是不同的，日本有日本的设计风格，德国有德国的设计风格，多元的文化能够成就多元的设计。

（4）科技因素与产品系统设计的关系

科技一般指科学技术，是科学与技术的统称，二者紧密联系，又有一定的区别。科学解决理论问题，技术解决实际问题。科学要解决的问题，是发现自然界中确凿的事实与现象之间的关系，并建立理论把事实与现象联系起来；技术的任务则是把科学的成果应用到实际问题中去。科学主要是和未知的领域打交道，是难以预料的；技术是在相对成熟的领域内工作，可以做比较准确的规划。在设计领域，科技很大程度上推动了设计的发展，很多产品的开发都是紧随科技之后的，如苹果初代的 iPhone 4，一经推出便以其"简洁"的特征震惊世界，但是如果触摸屏的科技发展达不到要求，那么这样简洁的设计是无法实现的。

二、模式的构成内容

1. 基于系统工程的产品设计 8D 规划模型

产品综合设计法提出了一种基于系统工程的产品设计规划模型（图 2-19），它包括 8 个方面的内容：从设计的调研入手总结设计对象的发展现状、问题及趋势；要从系统工程角度出发对产品设计工作做出全面的规划；要有明确的设计思想；要考虑产品的设计环境；要拟定好产品的设计步骤；要确定好产品的设计目标；要规划好产品设计内容和选择好产品的设计方法；在产品设计工作基本完成后，应对产品设计质量进行评估和检验。

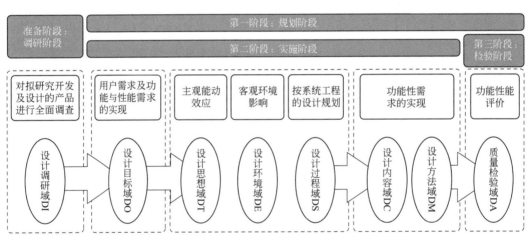

图 2-19　基于系统工程的产品设计 8D 规划模型

综合设计法的核心是功能优化设计和面向三大性能（结构性能、使用性能、制造性能）的动态优化设计、智能优化设计、可视优化设计，它们共同构成了综合设计法的"1+3+X"设计体系的核心（图 2-20）。

2. 产品系统化设计具体程序

产品系统化设计包含四大部分内容：系统化设计流程、设计参与者（一切参与到产品中的人）、设计理念，以及设计的管理方法。这四部分内容相互重叠、相互依存、相互推进，并且通过它们的下一级子系统进而深入工作，形成一个真正意义上的完整的产品设计系统。

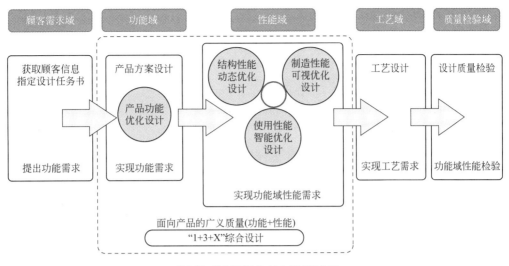

图2-20　综合设计法的"1+3+X"设计体系

（1）顺序设计

顺序设计首先是设计概念提出，其次是技术支持，然后是细节修订，最后是生产完善。这种方法被表述为"隔墙传递"，原因是从设计过程上讲每一步完成之后才能进行到下一个程序，因此它的不足也比较突出。首先，传递到最后可以选择的方案少；其次，设计程序太长导致设计时间太长；最后，沟通不方便、不顺畅容易引起差错。但是它的优势是可以解决大型复杂设计工程，达到正确、易于执行、严谨的效果。

（2）并列设计

并列设计是设计、生产、调研同时进行的设计方法。它们在同一时间分方向进行，有利于减少产品的上市时间和总成本，是一种比较有效率的设计方法。但是它对组织者掌控能力的要求较高，投入的成本较大，同时还必须具备交流和协调的能力。

（3）交叉设计

交叉设计是结合并列设计的优点，以便减少资源、节省投资成本的一种设计方式。它不要求所有的设计阶段同时进行，但是必须加强个体的联系交流，以便减少和重复工作而达到最佳状态。

3. 产品方案系统化设计的五个方法

（1）设计元素法

用五个设计元素（功能、效应、效应载体、形状元素和表面参数）描述"产品解"，认为一个产品的五个设计元素值确定之后，产品的所有特征和特征值即已确定。找国也有设计学者采用类似方法描述产品的原理解，这是一种基本设计方法，具有普遍意义。但是，因地区、民族、文化等不同，要加以分析利用。

（2）图形建模法

研制的"设计分析和引导系统 KALEII"，用层次清楚的图形描述出产品的功能结构及其相关的抽象信息，实现了系统结构、功能关系的图形化建模，以及功能层之间的连接。将设计划分成辅助方法和信息交换两个方面，利用 Iijssen 信息分析方法可以采用图形符号、可以采用具有内容丰富的语义模型结构、可以描述集成条件、可以划分约束类型、可以实现关系间的任意结合等特点，将设计方法解与信息技术进行集成，实现了设计过程中不同抽象层间信息关系的图形化建模。将语义设计网作为设计工具，在其开发的活性语义设计网 ASK 中，采用结点和线条组成的网络描述设计，结点表示元件化的单元（如设计任务、功能、构件或加工设备等），线条用以调整和定义结点间不同的语义关系，由此为设计过程中的所有活动和结果预先建立模型，使早期设计要求的定义到每一个结构的具体描述均可由关系间的定义表达，实现了计算机辅助设计过程由抽象到具体的飞跃。

（3）"构思"—"设计"法

将产品的方案设计分成"构思"和"设计"两个阶段。"构思"阶段的任务是寻求、选择和组合满足设计任务要求的原理解。"设计"阶段的工作则是具体实现"构思"阶段的原理解。将方案的"构思"具体描述为：根据合适的功能结构，寻求满足设计任务要求的原理解。即功能结构中的分功能由"结构元素"实现，并将"结构元素"间的物理连接定义为"功能载体"，"功能载体"和"结构元素"间的相互作用又形成了功能示意图（机械运动简图），方案的"设计"是根据功能示意图，先定性地描述所有的"功能载体"和"结构元素"，再定量地描述所有"结构元素"和连接件（"功能载体"）的形状及位置，得到结构示意图。从设计方法学的观点出发，将明确了设计任务后的设计工作分为三步：首先，获取功能和功能结构（简称为"功能"）；然后，寻找效应（简称为"效应"）；最后，寻找结构（简称为"构形规则"）。用下述四种策略描述机械产品"构思"阶段的工作流程。

策略一：分别考虑"功能""效应"和"构形规则"。因此，可以在各个工作步骤中分别创建变型方案，由此产生广泛的原理解谱。

策略二："效应"与"构形规则"（包括设计者创建的规则）关联，单独考虑"功能"（通常与设计任务相关）。此时，辨别典型的构形规则及其所属效应需要有丰富的经验，产生的方案谱远远少于策略1的方案谱。

策略三："功能""效应""构形规则"三者密切相关。适用于功能、效应和构形规则间没有选择余地、具有特殊要求的领域，如超小型机械、特大型机械、价值高的功能零件，以及有特殊功能要求的零部件等。

策略四：针对设计要求进行结构化求解。此策略从已有的零件出发，通过零件间不同的排序和连接，获得预期功能。

（4）矩阵设计法

在方案设计过程中采用"要求—功能"逻辑树，描述要求、功能之间的相互关系，得到满足要求的功能设计解集，形成不同的设计方案。再根据"要求—功能"逻辑树建立"要求—功能"关联矩阵，以描述满足要求所属功能之间的复杂关系，表示出要求与功能间——对应的关系。Kotaetal 将矩阵作为机械系统方案设计的基础，把机械系统的设计空间分解为功能子空间，每个子空间只表示方案设计的一个模块。在抽象阶段的高层，每个设计模块用运动转换矩阵和一个可进行操作的约束矢量表示；在抽象阶段的低层，每个设计模块被表示为参数矩阵和一个运动方程。

（5）键合法

将组成系统元件的功能分成产生能量、消耗能量、转变能量形式、传递能量等各种类型，并借用键合图表达元件的功能键，希望将基于功能的模型与键合图结合，实现功能结构的自动生成和功能结构与键合图之间的自动转换，寻求由键合图产生多个设计方案的方法。

三、模式的基本原则

1. 产品整体性原则

材料、结构、功能、色彩、形状这几个基本要素是不可或缺的，必须恰到好处地分析和组合。只有相互联系、相互依靠的要素组合，才能更好地发挥它的系统优势。把握整体性原则要处理好系统设计中的感性与理性的客观存在，设计思维过程要简洁实用，学会在感性思考中理性归纳。真正的好的设计就是归杂为整，把复杂的问题简单化，但同时又极具整体性，从过去的线性分析转向严谨精细而又整体的理论。

2. 动态平衡性原则

产品的生命周期是一个将自然物质通过设计使之成为产品、商品、用品、废品的整个系统的过程，当各种自然物质通过人们的智慧设计成满足人们需要的产品时，所组成产品的各要素分量便此消彼长。当一个具有多个功能的产品从一个功能使用转变为另一个功能使用时，其造型、结构等必然会有新的变化供用户选择，为实现某一目的而实现另外一种平衡状态，从而满足用户的需求。

3. 产品继承性原则

产品的继承性具体表现为统一且稳定的产品形象，一个企业的所有产品型号之间必然有其相关联的地方，让用户去感觉并识别出企业的独特之处，借此树立起企业在消费者心目中的基本形象。继承性是指当在某个要素中使用了某个属性后，其包含的子要素中都将使用这个属性的情况。同时，不是所有的属性都有继承性。例如，小米作为我国移动通信领域的佼佼者，在手机类型与系列型号方面有着独特的品牌继承性，造型要素上采用统一的设计语言，保持了一贯的设计风格，具有极高的识别性，并且不同系列具有不同的针对性功能集合群，适合不同的定位人群。

4. 产品创新性原则

设计这个概念本身就带有创新的含义，即使是改良设计也是在原理的基础上进行局部创新。现在的创意产业、地域振兴都是创意设计的范畴。创新性已经在设计刚刚出现或者进行之时就已经占据了重要地位。创新设计已成为竞争中决定胜负的要素，世界正在由过去的质量竞争阶段（谁控制技术、质量，谁就控制市场），逐步向服务竞争过渡（谁控制创新设计，谁就控制市场）。

在设计开发流程中，产品要素的整体性、动态平衡性、继承性、创新性占有重要的地位。在注重要素本身的特性之外，还需注重系统构筑的原理，以便能更好地把握设计要素在系统中的地位。动态平衡性在开发过程中能分清主次、强调特点、按需供给，更好地把握要素与要素间的主辅关系，突出闪光点和创意表达。继承性则是联系产品与产品之间的纽带，是让产品产生连续效益的基础性原则，是品牌的建立、巩固和稳定发展的有效基石，能使产品最终取得创新性。

四、模式的评价

1. 模式评价概述

模式评价是系统设计过程中非常重要的一环，同时也是一项非常困难的工作。不仅要提出许多替代方案，而且要在众多方案中找到所需的最优方案。应该说模式评价既是一个设计流程的结尾，也是一个设计流程新的开始。好的模式评价能够更积极地促进开发流程的顺利进行，同时为新的产品的开发提供了前车之鉴。"使用"是对产品的关键测试，在这一点，广告和推销是没有用的，关键是要产品的良好运行，使用者操作舒适，这就是行为水平的设计的舞台。

从信息处理理论来看，设计过程可以理解为问题定义、方案生成、答案测试这样一个迭代求解的过程，而适度的评价是设计过程中的一个重要的环节，评价结果是决定继续迭代求解还是完成方案的重要依据。

2. 模式评价标准

美国西北大学享誉全球的认知心理学专家唐纳德·诺曼教授将设计分为本能层、行为层、反思层三个层次，这三个层次是对设计构筑模式的一个评价标准。系统设计是将问题提出概念化、概念创新系统化、系统构建视觉化、视觉设计商品化的过程，在基本概念明确时，应尽量地将构建系统视觉化处理。让产品商品化，是在设计构筑模式中满足概念视觉化和视觉设计商品化最大的一个度，也是衡量标准之一。

但是对于系统构筑要素而言，衡量标准包括：其一，设计能否和谐地融合材料、色彩、功能、造型、结构众要素使其尽可能地满足用户的需求，包括情感需求；其二，设计能否和谐地融合材料、色彩、功能、造型、结构众要素使其尽可能地保证经济成本低廉化，创造尽可能大的利润空间；其三，设计能否和谐地融合材料、色彩、功能、造型、结构众要素使其尽可能地符合社会发展的伦理、道德、法律约束，并处于积极的立场。

最里层要素分析结构图就是对产品的材料、结构、色彩、功能、造型做一个归纳和总结，与前期的需求分析相比较，看是否与分析结果有一个很好的匹配度，方便修改、存档与后期开发借鉴，是实现可视化设计的一个良好的图标式方法，为进一步更深层次的思考打下基础（图2-21）。

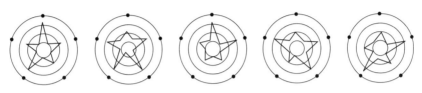

图2-21 最里层要素分析结构图

设计要素构筑模式，没有绝对完美的构筑方式，也没有永恒不变的固定模式。设计本身就蕴含创意革新，无论是设计过程，还是设计结果，都是在不断地变化更新。总之，"变"是设计永远不变的法则。也就是说，在人类设计发展史上，没有一种模式是绝对不变的，设计方法也是在不断优化中。

3. 模式评价任务

系统模式评价的主要任务就在于从评价主体根据具体情况所给定的，可能是从模糊的评价尺度出发，进行首尾一致的测定，以获得对多数人可以接受的评价结果，为正确决策提供所需的信息。评价是为了决策，而决策需要评价，评价过程也是决策过程。通过典型任务操作评价方法、问卷调查法、焦点小组法等对产品在操作、外观、市场等方面进行可用性评价，其目的是决定产品是否投入生产。

更好地完善产品设计，让系统再次做一个否定之否定的过程，实现质的升华。从产品的概念阐述出发，在将概念思考系统化、系统设计视觉化的过程中，整个产品方案就是一个功能、材料、形态、结构、色彩的综合体。在整个评价过程中去综合考虑其适合、适度、适量的问题，以便更好地提高设计效率、完善设计方案。通过多次方案设计的迭代思考，在设计过程末端还需要对前期工作和研究做出一个优缺点的总结，为以后产品归纳出更合理的构筑模式，这是模式评价的另外一个任务，也是品牌产品延续发展的基本要求。

系统模式评价往往和决策密切相关，为了能够在众多的方案中做出正确的选择，需要足够多的信息，自然包括足够多的评价信息。系统模式评价当与方案的决策和制定联系起来，这样才能体现它的价值所在。

第三节　系统整合创新设计要素的价值性

一、与一般创新设计的差异

系统整合创新与一般创新的区别在于：系统整合创新是在系统思维视角下的创新，是可持续的创新，是适合在企业组织开展系统整合创新工作坊。系统整合创新与一般创新的核心区别：创新思路的来源不同。

1. 一般创新的思路来源

首先，一般创新的思路主要来自：灵感、想象力、活跃的思维、对著名创新的效仿等。比较推崇各种高手、大咖、名人等。其次，由于思路来源于灵感、想象力，所以从源头上讲，是不可控、不可预计的创新行为，这也是普遍意义上大家对创新的认知。最后，一般创新即便有了创新成果，还需要考虑创新的落地、与应用场景结合等问题。

2. 系统整合创新的思路来源

创新思路来源于对问题的系统分析，创新的规则逻辑来源于外部系统。通过问题的系统化，让创新点呈现出来。

一般创新与系统整合创新的区别如下（表2-1）。

表2-1　一般创新与系统整合创新的区别

角度	一般创新	系统整合创新
思路来源	来源于问题主题本身，多是来自内部、灵感与想象力等	来源于问题主题所属系统，创新来自系统，与创新项目本身关系不大，是系统的创新
侧重方面	认为创新需要想象力、灵感、机会、创新对象本身	创新的可持续性、系统性、协调性，让系统具有创新能力，创新的规则机制
训练方法	学习创新案例、鼓励想象力、激励灵感产生、小游戏与各种套路	搭建协调系统，让系统具有创新能力，系统优先，从问题出发，回到问题本身
落地情况	很难落地、重复性、复制性很差	基于真实场景的分析处理，本身就是在地面上操作，不存在落地问题

二、多领域的价值体现

1. 系统整合创新设计在功能设计中的价值性体现

（1）功能型产品的通俗定义

功能型产品也被称为实用的产品，产品的使用是设计的重点要素。设计着重于设计结构的合理和人机工程学的改良，注重产品的实用功能开发，致力于解决用户生活中的困难。与创新型产品不同的是，功能型产品很多是已有产品的迭代设计或者对一个产品功能方面的再更新，对设计不苛求创意性，功能型产品不过分追求外观的形式感，重在使用功能的体现。

（2）系统整合创新设计在功能设计中的价值

功能型产品最重要的就是用户需求，用户需求也是用户体验最大的挑战。功能型产品的用户需求核心是可用、易用的产品。产品本身是一个生命周期，也就是产品从产生到消亡到再生的过程周期，这个周期极其繁复，并且是开放的系统流程，是从产品项目确定、设计调研、产品各要素的设计和产品测试生产的过程。完整的系统设计需要"人—机—环境"三方协调完成。

以人体成分分析仪为例，对于不熟悉的产品，首先了解它的功能用途、使用环境、外观造型，以及对比市面上其他同类产品的异同处。这一过程也是一个调研的过程。对功能型产品来说，了解了功能用途后，还要和使用环境相联系，如人体成分分析仪放置在医院或者健身场所或者康复中心等，则需要综合考虑产品的使用环境、外观、材质、结构、色彩等要素。外观设计中融入了医疗器械的冰冷感和金属仪器的科技感；另外，不过多地叠加其他新功能，整体性考虑外观和材质及结构的设计等因素。从整体性来看，能够拆装组合的产品占用空间更少，运输更加便利，也更加受市场欢迎。产品是要在市场出售的商品，耗能少、利益高、满足用户需求才是设计的主流，系统设计要根据美学要求及产品定位从功能、结构、色彩、材料、人机等方面进行系统设计。人体成分分析仪体量相对较大，在设计方案过程中，还需考虑到便于工厂加工处理及后期控制运输成本等，组装件、安全性和舒适性等，也是要重点系统考虑的内容。

2. 系统整合创新设计价值性的体现（以电动汽车共享租赁为例）

（1）城市电动汽车共享租赁现状及其发展

电动汽车作为一种绿色、健康、低碳的城市交通出行方式被越来越多的现代城市居民所喜欢与接受。而电动汽车的共享租赁系统对于当前市场来说是一种全新的商业模式，近几年来，电动汽车迅速发展，随之而来的电动汽车的租赁服务模式也迅速发展着。据统计，美国、德国、英国等100多个国家出现了类似的系统，与我国的大城市如北京、上海、杭州、广州等城市和部分公司进行了一些探索性运行，建设了各种形式的电动汽车出租或者公共电动汽车系统，取得了一定的成果，但也出现了一些问题。

（2）城市电动汽车租赁服务设计研究

杭州城市公共电动汽车的出现，是杭州市政府出于社会需求的公共服务。而随着社会的发展，应该考虑是否应该改变或者创新其服务理论，以产品服务系统设计为策略，介入商业模式，加入社会文化，创造社会价值，让社会可持续发展。首先，设计问题的提出，并相应做调研工作。

用户调研：通过相关研究，也结合互联网、报纸、期刊、新闻、论文等数据研究分析，总结了城市用户对于电动汽车租赁服务的几点认识与疑惑。

A 用户：愿意接受使用电动汽车；

B 用户：家里有汽车，可以接受把电动汽车作为家庭的第二辆汽车；

C 用户：对电动汽车的充电技术、换电服务、维护、保养、安全等存在质疑；

D 用户：对电动汽车租赁时间价格、充电成本与充电时间的灵活性比较关心。

市场调研：通过实地考察、用户访问、跟踪拍摄等方法，了解到目前市场上有以下几种租赁服务模式。传统汽车租赁模式分为融资性租赁和经营性租赁，其中经营性租赁分为长租和短租。随着电动汽车的发展，电动汽车租赁主要为经营性租赁，其分为长租、短租和自助式分时租赁。目前市场上自助式分时租赁最为成熟，主要特点在于无人值守、网上或者手机 APP 预约使用、刷卡办理开门、分时计费等，特别是在法国巴黎、德国、美国等地都使用自助式分时租赁的共享租赁服务模式。对于杭州城市使用而言，需要结合杭州用户的不同需求，给予不同的定位使用发展。

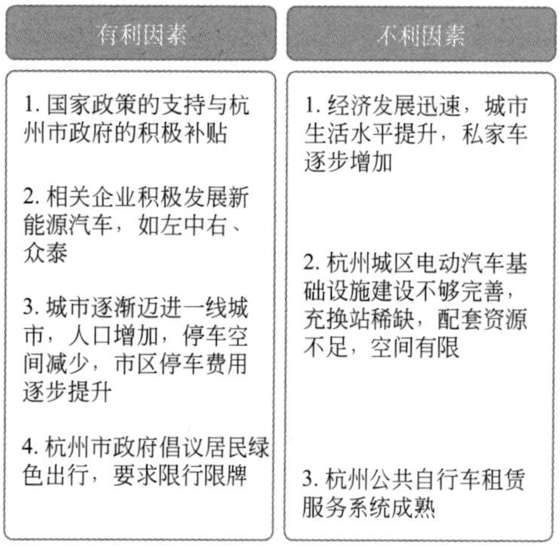

有利因素	不利因素
1. 国家政策的支持与杭州市政府的积极补贴	1. 经济发展迅速，城市生活水平提升，私家车逐步增加
2. 相关企业积极发展新能源汽车，如左中右、众泰	2. 杭州城区电动汽车基础设施建设不够完善，充换站稀缺，配套资源不足，空间有限
3. 城市逐渐迈进一线城市，人口增加，停车空间减少，市区停车费用逐步提升	
4. 杭州市政府倡议居民绿色出行，要求限行限牌	3. 杭州公共自行车租赁服务系统成熟

图 2-22 杭州发展城市电动汽车共享租赁外部环境的影响因素分析

外部环境分析：杭州城市电动汽车共享租赁存在外部环境的影响，推动发展城市电动汽车共享租赁是趋势，但还处于不成熟阶段。图 2-22 为杭州发展城市电动汽车共享租赁外部环境的影响因素分析。

（3）服务系统设计构思

根据用户行为，同时结合实际调研数据可以得出电动汽车市场缺乏系统的产品服务模式，服务平台不够成熟。根据市场行情，结合城市用户对电动汽车共享租赁的认知，将设定以分时租赁的模式提供给城市用户，并以社区为服务模块运行，企业与社区物业建立合作，社区物业主要负责对电动汽车的维护、充电、保养，保险公司为用户提供保障。通过实地考察、用户访问、跟踪拍摄等方法，建立了产品服务模型及用户旅程图（图 2-23、图 2-24）。

由上可以看出，城市电动汽车共享租赁服务的重点在于产品的自身定位、服务内容与服务平台的搭建。

① 产品的自身定位：电动汽车企业作为电动汽车租赁的服务提供商，与社区物业合作，为用户提供租赁电动汽车服务、充电服务、换电服务等。不同的需求结合定位，才能给予方向性的指导服务。

② 服务内容：对于用户而言，电动汽车使用的便捷性和使用成本是最为关键的，所以充电站的建设及如何商业化成为解决问题的关键点。例如，用户在使用电动汽车过程中，是否可以拼车，或者共享自己的电池，同时也为用户创造一定的收入。

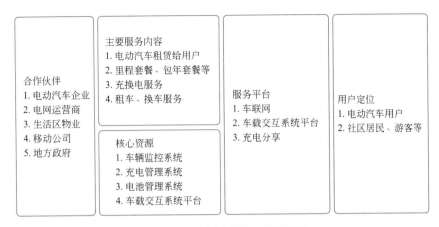

图 2-23 电动汽车共享租赁产品的服务模型

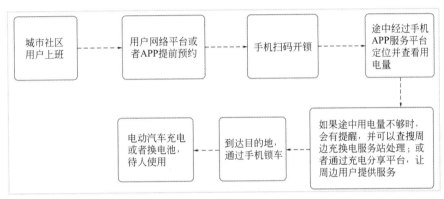

图 2-24 电动汽车共享租赁产品的用户旅程图

③ 服务平台建设：如车载交互系统平台的建设。该平台应该解决用户的后续需求，是设计方案中的关键部分，把用户集中在平台上架产品服务中对接，让用户能及时、准确地找到自己所需求的服务，也可以使用手机 APP，增加用户的接触点，提升用户体验。例如充电分享服务系统，它是为服务用户之间的求救行为所提供的服务平台，求救者周边的电动汽车都可以成为能源的潜在供应者，用户只需要通过此平台进行搜索就能满足需求，从而双方能达到供需平衡，创造商业价值，让社会融入"共享服务"。

（4）电动汽车共享租赁服务体系的设计总结

通过以上研究，可以分析出产品服务系统设计对租赁服务的作用，主要体现在以下几点：一是通过能动性平台提升服务。产品服务系统设计所展示出来的自助与互动的网络平台，提升了商家、政府、用户三方的互动与交流，如微信 APP 的使用、车载网的平台，都为租赁服务带来了网状效应。二是丰富接触点，提升用户体验。电动汽车租赁服务过程中有认知产品、购买产品、使用产品、后期销售与反馈等，每一个点连成一条线，逐渐形成了用户体验流程。三是创新商业模式，提升商业价值。在对城市电动汽车的分析中，产品服务系统设计改变了商业模式，创造了额外价值。

第
三
章

系统整合创新的
设计流程

第一节　系统整合创新的设计流程认知

一、设计流程的概念

随着 5G 时代的到来，产品与产品之间的竞争日益加剧，产品功能过多增加了后续维护和迭代的难度，传统的产品设计流程方式必然对个人及集体带来更多的负面影响，因此产品的开发过程也会发生相应的变化。在新时代下的产品开发流程中，需要调整现有的产品设计流程方式或选择新时代下的产品设计流程，以满足用户的需求，设计出大多数用户满意的产品，这也是企业提高生产效率、满足市场要求的关键。

产品设计是一个目标或需要转换为一个具体的物理形式或工具的过程，是一种创造性活动。即通过多种元素，如线条、符号、数字、色彩等方式的组合，把产品的形状以平面或立体的形式展现出来。现代的产品设计覆盖面比较广泛，从复杂的航空航天设备到日常生活中的生活用品，从功能型实体设计到互联网虚拟型产品设计等，都属于产品设计的范畴。

产品设计开发的要素主要包括人的要素、技术要素和市场环境要素。首先，要满足的是人的心理需求、行为意识、价值观、生理特征等。其次，是产品设计的实现要考虑当前时代下的技术要素，包括生产的材料、加工工艺、产品形态、承载条件等，这些因素都会直接影响最终的产品质量。最后，是市场环境要素，产品设计的成功与否不仅与产品本身有关，也与企业和外部市场环境有着不同程度的相关性。

二、设计流程的相关内容

流程是指在工业品生产中，从原料到制成品各项工序安排的程序。国际标准化组织在 ISO 9001：2000 质量管理体系标准中给出的定义是："流程是一组将输入转化为输出的相互关联或相互作用的活动"。产品设计流程即产品从前期准备到实物落地、验收、投入市场的过程。一个高效的新产品开发流程是决定新产品开发是否成功的重要因素。近年来，许多新产品的开发流程或模型都已经被提出。

1.BAH 模型

在已提出的新产品开发流程模型中，最著名的是 1982 年由 Booz、Allen 和 Hamilton 提出的 BAH 模型（Booz、Allen 和 Hamilton 的简写，用于了解产品开发生命周期中的关键阶段）。BAH 模型包括七个基本阶段，描述了从产品构想到市场所有环节的活动，如图 3-1 所示。

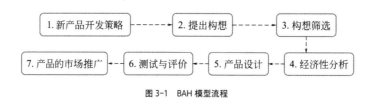

图 3-1　BAH 模型流程

第一阶段是战略层面的新产品开发策略；第二阶段是提出构想，在这一阶段是基于第一阶段的深入部分，主要侧重产品设计的深入部分，通过对构想的多重分析，来匹配企业战略目标；第三阶段是对构想的筛选，在这一阶段产品则更加明确企业的自身特征、自身条件；第四阶段是经济性分析，在这一阶段主要挑选满足企业财务的方案；第五阶段是产品设计阶段，经过前面一系列的分析，已经把产品概念的各方面特征描绘得更加明确，在这一阶段，设计师通过前四个阶段的结果将产品概念转化为产品实体，设计师完成之后，由工程人员来制作产品原型，选择工艺流程等；第六阶段为测试与评价，测试与评价主要目标是，对本次项目的产品功能进行测试及后期产品投入市场后，用户对产品的满意度进行评价；第七阶段是将新产品推向市场，进行市场推广和市场运营。

2. U&H 模型

Urban 和 Hauser 于 1993 年提出了新产品开发的决策流程，即 U&H 模型（Urban 和 Hauser 的简写），分五步：第一步叫作"机会识别"，包括寻找市场缺口，提出可以填补市场缺口的构想；第二步是设计阶段，这一阶段的主要任务是对用户需求进行全面的分析研究、设计产品、开发新的市场营销策略、产品定位；第三步和第四步分别为测试与推广，主要是为了方便规划和追踪产品的推广活动，广告宣传、产品测试、推广前的预测和市场测试要同时进行；第五步，Urban 和 Hauser 将市场推广阶段扩展为生命周期管理，以便企业可以随时监控产品和市场的动态，从而做出相应的措施调整。与 BAH 模型相比较，U&H 模型包含了更广泛的内容，特别是在最后一步提出超出 BAH 模型的"生命周期管理"的概念，暗示了产品设计不是一个孤立的阶段，而是与产品开发的其他阶段相辅相成的。

3. "门径管理流程" 模型

加拿大的新产品开发专家 Robert G. Cooper 于 1993 年提出了"门径管理流程"（Stage-Gate Process）。现在这个管理流程被许多国际知名的大公司采用，包括嘉士伯公共有限公司、柯达公司、乐高公司、庄臣公司、朗讯公司、微软公司、惠普公司、杜邦公司等众多知名企业。该系统以 BAH 模型为基础，通过第二代和第三代的不断细化，发展成为适合较复杂的新产品开发方案的模型。Cooper 的"Stage-Gate"模型与 BAH 模型一样，也分为几个阶段（通常是 4 到 6 个），但是 Cooper 在流程中引入了"gate"的概念。"gate"是流程中一些不同的点，在每一个"Gate"处，有一个"Gatekeeper"负责对项目的进展做出评价，决定继续或终止该项目。"门径管理流程"的各个主要阶段如图3-2所示。

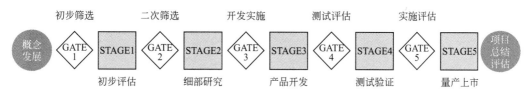

图3-2 "门径管理流程"

该流程强调概念发展阶段的重要性。概念发展阶段是指通过科学的方法进行新产品创意和构思的收集和筛选，并在大量的市场调查研究的基础上进行严格的筛选和优化，确保最后进入开发阶段的项目是在技术、商业、财务等方面都是值得进行的项目。该流程要求对开发的项目必须进行取舍，不能把有限的资源分散在太多的项目上，形成资源瓶颈，延长开发周期。这个产品开发流程是一个串行的、没有回溯的流程，因此在实际的设计过程中这个流程的局限性还是比较大。同时这个流程没有强调各个部门之间的合作，这样会在一定程度上给企业造成潜在的开发投资风险。

4. 以用户为中心的一体化产品开发流程

一体化产品开发（Integrated Product Development,IPD）是一套产品开发的模式、理念与方法。IPD 的思想来源于美国 PRTM 公司提出的一套系统性的研发管理思想和方法——产品及生命周期优化法，方法详细地描述了这种新的产品开发模式所包含的各个方面。1992 年，IBM 公司遭受了巨大的经营挫折，为了重新获得市场竞争优势，IBM 公司实施了以系统性研发管理解决方案为核心的企业再造方案，即在研发管理方面系统引进产品及生命周期优化法，并获得了巨大的成功。一体化产品开发系统具体包括异步开发、公共基础模块、跨部门团队、结构化流程、项目和管道管理、客户需求分析、优化投资组合七个方面，IPD 框架如图3-3所示。

但是 IBM 公司提出的这套 IPD 系统有着很大的局限，由于针对的产品主要是计算机硬件产品或技术推动型产品，其开发风险相对较低，客户的意见在其中并不占主导地位，因此这个开发流程对其他产品类型的支持较弱，在其开发过程中具有很大的局限性。这种情况下，美国卡耐基梅隆大学教授 Jonathan Cagan 和 Craig M. Vogel 于 2002 年提出了以"用户为中心"的一体化新产品开发（Integrated New Product Development，INPD)。这种方法强调开发团队在用户需求和其他主要相关者利益的基础上进行多专业的合作。INPD 要求通过领域间相互沟通、协商，兼顾团队内部各方面的需求和期望，来提高工作效率，并且让团队成员对合作过程感到满意。

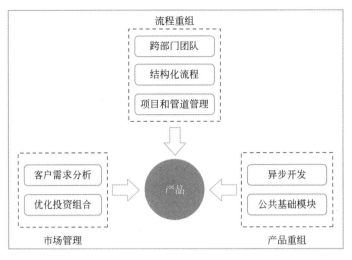

图 3-3 一体化产品开发框架

三、与一般设计流程的区别

1. 一般设计流程

（1）第一阶段：设计准备阶段

① 确定设计项目。设计师的设计任务通常有两种，一种是原产品升级改造，另一种是新产品的研发。一旦项目任务确定，设计师与委托人签订相应的设计合同，明确该项目的设计目标、内容要求，以及完成的期限等。

② 制定设计计划，包括确定产品市场定位。遵循"3W1H"的设计定位原则，对产品的历史背景、服务的市场对象、产品的设计要求，以及设计依据的技术标准与规定来保障设计质量，考虑产品的生产方式、材料等方面的制约因素，在规定时间内确保能够有计划地完成产品的设计进度。

③ 资料收集与整理及分析使用对象。对不同地区、民族、性别、年龄、社会阶层、职业、文化水平、喜好等各种顾客进行调查，一般以调查问卷的方式进行，目前网络调研、实际市场调研、期刊阅读及工厂实地调研等方式也较为切实可行。

（2）第二阶段：概念设计阶段

本阶段设计工作的目的是获得解决问题的各种方法，找到最能实现产品功能的原理，是提出问题并解决问题的过程。可以先通过手绘草图方案，弄清楚产品设计存在什么样的问题，找出形成问题的因素，再提出解决问题的设想与方案。在这个阶段，设计师可采用头脑风暴法来发散思维，进行任意创意设计，即"设计定位—草图构思—概念模型"。

（3）第三阶段：技术设计与完善阶段

本阶段主要解决如何实现产品模型的实际功能，以及解决零部件构造的设计问题。部分方案通过初审后，确定产品的基本结构和主要技术参数，通过产品功能来决定方案的取舍，同时为了确保产品中各个功能的实现，设计师需要借助设计评价来寻求最佳结构设计方案，即"结构设计—产品效果图—模型制作"。

（4）第四阶段：设计方案评价与实施阶段

本阶段主要是产品设计方案最后的筛选。优选出的设计方案必须在技术设计与制造等方面得到充分的实现，该阶段最主要的工作是对产品根据预制件的标准、规范将其具体批量生产，即"试生产—市场化—批量生产"。

2. 系统设计流程与一般设计流程的区别

系统整合创新设计方法是把设计的研究对象置于整体与局部之间、部分与部分之间、整体与部分之间、整体对象与外部环境之间的相互联系和相互作用、相互制约和相互协调的关系中，综合地、精确地考察对象，以达到确立优化目标及实现目标的科学方法。它与一般设计流程相比，具有以下特点。

① 在设计的过程中能够对系统结构和层次关系进行分解，使设计问题的构成要素和相互因素的内在关系能够清晰地呈现出来，从而明确各自特点，取得必要信息和设计路径。

② 强调设计过程中的综合、评价和改善，能够实现有序要素的集合，这种集合不是相加，是整体大于局部之和，是各要素间、各子系统间的有机整合，从而确定设计对象的主要方面，形成多种综合方案。

③ 系统整合创新设计流程可以克服单一思维模式的桎梏，是一种推陈出新的设计流程。它能够在系统分析中有效地排除不必要的功能和信息，从而降低功能成本，高效地实现产品价值。

④ 系统整合创新设计为现代设计提供了一个从整体的、全局的、互为的角度来分析研究设计对象和相关问题的思想工具和方法。

第二节　系统整合创新设计流程的研究方法

一、基于观察法的设计流程

IDEO（1991 年成立于美国帕罗奥图）作为国际顶尖设计公司，有一套系统的设计方法，在产品设计领域以其对消费者行为的观察和分析著称。以"Coasting"自行车为例，体现了基于观察法的产品开发流程的研究，权威机构调查显示：过去十年，"自行车迷"增长超过三倍，而休闲自行车主降低了 50%，整体的数字在下降，现在有超过 1.6 亿的美国人不骑自行车。这些问题启发 Shimano 公司去设计一辆新的自行车，一辆回到过去改变未来的自行车，重新规划自行车工业的未来。为了实现这种把自行车带回大众的观点，IDEO 根据调研得到了大众意见并制造了原型样机，一种简单、舒适、随时能用、传统与创新结合的自行车。特别是将 Coasting 自行车的设计，在提高了自行车手把的基础上将横挡降低，让骑车者不需要弯腰驼背，人可以自然地坐上去。此外，还将车的所有机械结构隐藏起来了，三速换挡系统由位于前轮车毂的发电机提供能源，通过察觉用户的速度并自动加速或减速。

这是一个典型的 IDEO 式的设计案例，从以"行为分析"为核心的调研出发，到设计阶段对调研结果大胆又不失细节的坚决执行，最终形成涵盖服务与营销的整套全面的解决方案。IDEO 在大量的设计实践中形成并完善了这套设计流程和原则，这些也是它赖以生存的手段，这对于国内的设计机构和相关从业者具有一定的借鉴意义。针对这个案例的设计流程，选择了以下三个最具特征的环节进行分析：选择调研方式、设计方法应用、提出整体问题解决方案。

1. 选择调研方式

以"行为分析"为核心是 IDEO 一直引以为荣并行之有效的市场调研方式（不包括市场分析的部分）。"行为分析"强调人的全部需求都能够从他们的相关行为中得以反映，行为是传达使用者心理、生理状况，以及个体之间、个体与环境之间关系的最佳语言，只要能够破解他们的行为密码就能够最准确地获得他们的需求。经调查得知：事实是用户并不是不喜欢骑自行车，反而是非常喜欢骑车，并且对骑车有着一种美好的回忆，但当用户带这样的心情去自行车零售店的时候，销售人员过于强调技术、操控性、转动等专业名词，而不是儿时的那种乐趣分享，使消费者对购车的消费欲望减弱。

通过对消费者购买自行车和对休闲谈论的行为分析，调查者发现了两个要点，分别是消费者需要什么样的自行车和为什么不购买自行车。整个行为分析流程包含了从消费者内心的回忆开始一直到自行车店员的举动等众多调研对象和内容，实际上这也是对所有调研的综合分析。

2. 设计方法应用

突破性的调研结果对实际产品设计的意义不言而喻，但一样的调研结果并不能带来一样的设计结果。设计师的个人水准、团队合作方式、各种设计方法的应用都会对最终的设计产生影响。因此首先要注意常被忽略的问题，尽量获取更多的有效信息，以便去更好地衔接调研结果与实际设计。在设计案例中可以发现，设计者自始至终关注的是人对产品的体验，这种体验指向消费者对产品的某种温暖回忆，大多数人对于自行车的需求除了基本的骑行的功能之外，也希望自行车能够给他们带去一种休闲与放松的生活体验。物化的社会对于物的需求正在发生着变迁，从产品到商品，到服务，再到体验的经济产出物的变迁正在发生改变，它同样也会影响到我们的设计思路。

3. 提出整体问题解决方案

设计者所要做的工作，除了满足消费者的需求，产生购买自行车的行为之外，也要全面考虑自行车所会发生的相关预想的问题，并能有效地加以解决。从这个角度看，设计师需要设计任何有利于消费者购买自行车的行为，而不仅仅局限于产品本身。例如，店员专业化地解说自行车的卖点，反而使消费者望而却步。那么，除了产品设计本身之外，还需要设计开发自行车店员的相关自行车的教程和营销措施。

二、基于"DSM"的设计流程

DSM（Demand Side Management）指需求侧管理，即设计结构矩阵，这是当前企业、研发机构为适应不断变化的挑战、缩短产品开发周期、提升自身研发能力而寻求的一种产品设计开发及流程优化的系统方法和工具。它是通过数学矩阵的形式描述产品开发过程中各个环节、要素之间相互依赖、迭代、制约的逻辑关系，反映或预见其潜在问题，为产品设计开发、更改、优化提供显性化的方法和实施基础。

设计结构矩阵是现代用户探索、研究产品开发及其过程的方法和工具之一。产品设计开发虽然从表面上看是一个工程问题，但其中却包含着诸多学科内容，其过程包含了产品构型设计、参数设计、设计开发活动、产品项目管理等要素，完整、清晰、可视化、定量地描述其错综复杂的关系尤为重要，特别是对于大型复杂产品的设计开发具有重大的意义。

一个典型的设计结构矩阵是由排列顺序一致的行、列元素所构成的。产品研发设计过程中的活动在矩阵中用行、列元素表示，在设计结构矩阵中用非对角线上的单元格表示对应的行、列元素之间的联系，用对角线的上下位置来表示对应行、列元素之间的输入输出方向，即在对角线上方表示两个关联因素的关系、信息的输出，在对角线下方表示两个关联因素的关系、信息的输出。

三、基于单独产品策略的设计流程

基于单独产品策略的产品开发将产品设计过程分成原型产品开发设计、新产品开发和变型产品设计三个循环。其中新产品开发和变型产品设计是一种彻底分离的状态。

1. 原型产品开发设计

原型产品开发设计是企业在拥有新型技术的前提下，利用计算机辅助设计(CAD)技术、数控技术、激光技术、材料科学及机械电子工程等先进制造技术，以最快的速度将模型转换为产品原型或直接制造零件，从而可以对产品新型技术进行快速评估、改进及功能测试，以完成设计定型，从而大大缩短产品的研制周期及减少开发费用，加快新产品推向市场的进程。

2. 新产品开发设计

新产品开发是针对单独产品进行设计。产品开发人员分析已有的客户需求，确定合理的客户群，并以此为基础运用相关知识，结合竞争对手的技术参数，建立覆盖当前客户群需求的产品模型，设计结果是一个具体的产品事例。新产品开发设计工作具有较高的创新性、综合性，对开发人员的产品专业知识和能力要求较高。把新产品开发过程分为概念设计、总体设计、详细设计、样机试验与试制、投产五个步骤，新产品开发设计周期较长，它的实现过程需要耗用可观的企业资源，以验证和完善产品结构。

3. 变型产品设计

变型产品设计是针对未来客户需求，在原有新产品的基础上，充分利用现有的设计资源，通过对产品部分或局部的改变，进行相关功能、结构或参数的设计。变型产品设计的工作方式不要求很强的创新性，并且产品开发的实际周期短，这要求设计人员具有一般的制造和设计的能力。当获取了客户需求后，根据客户需求，将其定位在相应的客户群内，利用客户群所对应的产品模型，进行满足客户个性化需求的变型设计。

基于单独产品策略的产品设计面向的是单一产品。每当输入改变（即客户群的需求随着时间发生变化），则原有的产品模型被淘汰，必须再经过新产品开发这个过程，生成一个新的、适应未来客户群需求的产品模型，在此模型基础上，通过变型产品设计得到一个具体的、满足顾客个性化需求的变型产品。但新产品开发的周期往往又很长，因此基于单独产品策略的产品设计不能有效地快速响应市场。

四、基于平台策略的产品开发流程

全球买方市场的形成和产品更新换代速度的日益加快，使得制造业越来越关注产品开发的流程。基于平台策略的产品开发流程与基于单独产品策略的开发具有很大的差别，平台策略较单独产品策略的产品开发具有很多优点，即有效的产品平台可以派生出一系列产品，实现从基型产品到变型产品、从上一代产品到新产品的技术转移，从而显著缩短产品开发周期、降低成本。基于平台策略的产品开发流程分为以下几个部分。

1. 产品平台规划

产品平台规划是企业的一个持续反复的过程，它与产品平台开发的关系相当于支持与被支持的关系，产品平台规划为产品平台开发提供核心能力支持，同时产品平台规划也为平台更新提供核心支持。这种支持是持续不断的，产品平台规划对基于平台策略的产品开发具有重要的指导意义。产品平台就是在企业产品平台规划的基础上，不断进行更新和升级换代。产品平台规划包括战略层的规划和设计层的规划。其中战略层的规划又包括产品线规划、技术路线规划及基于平台的衍生模型的建立；设计层的规划包括部件敏感度的确定，敏感度是指受用户需求改变的影响，其所需重新设计工作量的大小。战略层的规划和设计层的规划从不同层次为产品平台的开发提供支持。战略层的规划对产品平台开发具有战略指导意义，它的输出是产品线发展策略、技术路线及平台衍生模型，从而指明了产品开发方向及平台衍生模式。设计层的规划对平台结构的设计进行指导，确定了部件变型指标。战略层规划和设计层规划是相辅相成，缺一不可的。

2. 平台结构设计

平台结构设计是在平台规划的基础上进行，这一步的工作是进行标准化设计和模块化设计，建立产品平台的结构。产品平台结构的组成模块能够派生出满足细分市场的产品族，同时也能为特定客户低成本且快速地派生出个性化产品。由于产品平台不仅面向目前的顾客，同时也要面向未来一段时期内的顾客需求，因此，在开发产品平台的时候需要考虑顾客未来需求的变化，用基于变型产品设计的原理来确定产品平台的参数、结构，建立覆盖整个产品族功能要求的产品平台，保证产品平台能够快速进行更新，派生出下一代产品族。因此设计结果不再是一个具体的产品事例，而是结构化的、可升级的产品平台。由于概念开发涉及研发、工程设计、制造、营销、售后服务等多职能领域，因此就产品平台的定义达成共识是非常重要的。

3. 配置设计

根据客户个性化需求，将其定位在相应的客户群内，以便利用该客户群所对应的产品族。在产品族的基础上利用现有的设计资源，以可替换件配置规则为主要工具进行满足客户个性化需求的产品快速配置。基于平台策略的产品开发面向的是不同细分市场及不同时期的派生产品。每当输入改变（即细分市场客户群的需求随着时间发生变化），则在产品平台基础上，经过变型产品设计生成一个新的适应当前细分市场客户群需求的产品族，从可升级的派生产品模型的每个可能中挑选一个零部件组合，确定该变型产品的配置，创建出基于变型产品的具体结构，得到一个满足顾客个性化需求的具体产品。

基于平台策略的产品开发流程并不能解决企业中的所有问题，其重点在于缩短产品开发周期。但总的来说，建立基于平台策略的产品开发流程，必将是企业未来新产品开发的主要方向。

第三节　系统整合创新设计流程的评价模型

一、设计流程评价的概念

1. 设计评价的重要性

随着经济与技术的快速发展，企业所处竞争环境日益加剧，企业竞争优势持续时间越来越短，企业必须迅速进行产品设计创新以响应日渐多元化的用户和市场需求。随着全球化市场竞争的日益加剧，我国企业及政府逐渐认识到设计创新具有的巨大潜力。但是，国内企业速成式发展方式缺乏相应的设计管理制度的积累，更缺乏产品设计开发经验及产品开发中不可缺少的系统的、规范的和制度化的设计评价，随着企业的不断发展，这种经验性设计评价造成的产品开发风险及成本、质量问题日益突出，企业必须寻求一种科学、高效的设计评价方法，以提高评价结果的客观性、可靠性，降低开发风险和成本，提升产品设计品质，增强企业核心竞争力。

2. 产品设计评价的范畴

"产品设计"表述的是一种人类活动的过程及结果，包括"目标、组织、流程、研究、实践"五个基本的部分，每当完成一部分时，都需要经过评估来确定下一步的方向，用以降低风险。产品设计评价可以分为宏观和微观两个方面。宏观上，产品设计是一个复杂的流程，所以设计评价应该是对流程内容的跟踪评价，通过确保每一个步骤的质量来帮助把握项目的质量。微观上，产品是由一定的物质材料以一定结构形式结合而成的，是具有某种功能的客观实体，工业设计师对其进行外形、色彩、质感等方面的处理，设计出能够批量生产的、可满足生理和心理需要的物质载体。所以产品设计评价是运用各个方面的知识对某个实际的概念或者设计方案的外形、色彩、质感、形式要素及生理、心理方面的功能做出评价。

设计活动内容无法量化，只能以类似定性研究的方式去评价设计工作，定性研究以小样本为基础，进行探索性的评价研究，目的是比较深层次地理解和认识问题的定位，定性研究常常被用于制定假设或者是确定研究中应该包含的刺激变量。因为定性研究是基于小样本的，数据分析用的是非统计的方法，所以定性研究得出的结果不能当成最终结论，仅仅能作为制定决策的参考。评估的结果也不是唯一的，而是对各种概念或者设计的详尽认识和分析。

3. 产品品牌层面的评估——以宜家为例

瑞典的宜家公司自1943年成立发展至今，已在全球拥有76000名员工、22个国家的

174 家卖场、55 个国家的 1800 个供应商、11 个国家的 35 家工厂。从这些数据便足见其规模之巨。宜家制定了一套"宜家标准"来规范和培养全球各地员工的工作和行为，用统一的质量管理体系约束世界各地的"贴牌（OEM）"制造商，并采取全球统一采购的进货模式，通过信息化调度，统一为世界各地的宜家提供产品。宜家集团塑造了统一的品牌形象，并且在客户心目中构建起牢固的品牌忠诚度，营造出独特的宜家文化。宜家的成功大致可以归结于两点：品牌控制和成本控制。基于这两点，宜家在产品开发及产品评估中也有一套特殊的"宜家标准"。在这个标准里，首先是宜家对自己品牌的认识与定位。家居产业并不像高科技产业那样以技术为主，追求差异化是宜家发展的主旨。差异化将宜家从传统的家具商业模式中脱离了出来。

宜家将自己和传统家具商业模式做了对比（图 3-4），其中这些看似简单的词语，却囊括了宜家的所有特性。将这些词串起来，可以得到一个关于宜家品牌的介绍。宜家是为年轻家庭制造时尚家居用品的企业，宜家在选择产品时有明确的准则：斯堪的那维亚风格；是进化而不是革命；尽可能节约成本和资源，产品必须可以被扁平包装以便于运输；适合年轻人的品位和要求，个性为先。这一套准则成为宜家产品的评价标准，为宜家设计师的设计工作也提供了一套指导思想。

图 3-4　传统家具商业模式和宜家商业模式对比

4. 产品层面的评估——以 Xelibri 手机为例

图 3-5　Xelibri 手机

2003 年西门子在其子品牌 Xelibri 手机（图 3-5）的宣传文件中称："游戏规则已经改变，移动电话市场已经迎来设计革命。"他们认为，未来手机将像现在的手表一样成为一种装饰品，款式和设计决定产品的价值，相对而言技术和功能已经基本成型，不再是吸引消费者的主要因素。Xelibri 计划每年推出两季产品——春夏季和秋冬季。每季度产品有一个主题（包括四种款式），消费者可以"根据自己的心情更换手机"。每款手机的市场生命周期为 12 个月，在此期间价格维持稳定。

虽然 Xelibri 将自己定位为一种"可以通话的佩饰"，但绝大多数的消费者还是将 Xelibri 看作一种时尚另类的手机，用手机标准衡量这个产品，Xelibri 并不占有任何优势，即便是它最吸引人的外观设计，但在很多人眼里并不是他们所想和需求。总结 Xelibri 失败的原因，最根本的原因就是西门子对用户群体的定位及产品的定义上过于理想化。Xelibri 系列手机在外观特征的变化上，并没有带给消费者太多新的"卖点"。从创新的角度看，这个产品并没有走创新的路：如高像素彩屏、照相机和 MP3 播放技术的运用等，并未在 Xelibri 系列手机上很好地体现出来。

这就说明了，Xelibri 系列手机，在构筑自己的品牌形象之外，还需将产品设计纳入品牌管理的环节，建立各自独特的产品设计原型，并将其用于对设计方案的评估和筛选，以降低决策的风险，继而达到自身提升和发展的目的，同时也说明了品牌与产品之间的关系是相辅相成的。产品在概念设计阶段，其发展方向的决策及方案的筛选与企业的发展有着直接的因果联系。基于品牌层面是广义的产品设计评估，评估的范围和内容会随品牌的指导方针而发生变化。基于产品本身的各种可能性是狭义的产品设计评估，需要根据产品本身的特性进行评估。只有当两个层面的评估相结合，其结果才会更有参考价值和指导意义。

二、设计流程的评价模型

1. 产品设计评价的内容

设计评价相关理论的第一个支柱就是以客户满意为主导。在今天知识经济与全球化市场的时代，产品设计开发的客户，已不再局限于最终的消费者和使用者了。在产品开发的产品评价阶段中，"客户"的概念具有双重意义，即使用者和品牌方。由此可以得到产品设计者、品牌方、用户这三者的责任关系指向（图 3-6），责任关系指向图既肯定了用户在设计中的主导地位，又强调了品牌对于设计最终形态的影响力。

（1）产品设计评价的出发点

图3-6指明了产品开发过程中利益相关者之间的责任关系，"用户"通常是不主动参与设计活动的，它往往充当着被研究观察的对象，也是"设计者"和"品牌"共同服务的终极对象。"品牌"担任设计任务制定和设计方案决策的工作，既是服务提供者也是服务接受者；而"设计者"则是提供服务者，他的直接服务对象是"品牌"，间接服务对象是"用

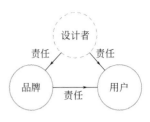

图 3-6 设计服务责任关系指向

户"。在设计进程中同时出现了两个不同性质的服务接受者，针对其各自满意度应该做不同的总结和评价，这就意味着将会有两套并行的评价标准出现在产品设计过程中，即基于"品牌"利益对产品设计的评价和基于"用户"利益对产品设计的评价（图3-7）。不能满足最终用户利益的设计将被直接淘汰；不能满足品牌利益的设计可以通过调整和修改来适合品牌战略。

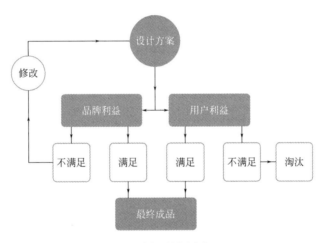

图 3-7 客户利益的分离关系

（2）产品设计评价的决策点

综合1996年美国著名设计管理专家麦克·巴克斯特提出的风险决策管理漏斗理论（图3-8），可以总结出产品设计项目中评价活动发生的位置。

从图3-8我们可以得出整个产品研发过程中的决策点依次为：产业策略决策、最佳产业机会决策、最佳产品机会决策、最佳产品概念决策、最佳具体设计决策、功能原型决策。针对漏斗模式的心理评价可以分为六个阶段（图3-9），由图可以清楚地看出，设计获得的过程是反复的、回路的，在生产最终产品之前会反复回到开发设计阶段，这种方式一来可以确保产品通过渐进式的发展过程逐渐达到最优化目的，二来在反复评价的流程中有助于发掘新的产品机会。

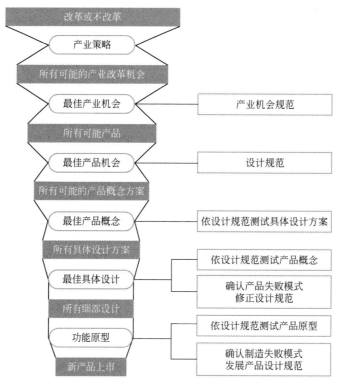

图 3-8　风险决策管理漏斗理论

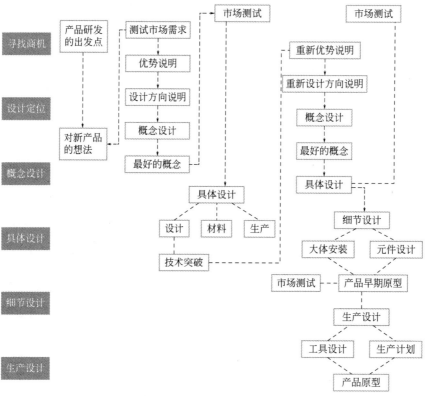

图 3-9　设计流程和设计效果心理评价的六个阶段

（3）基于"品牌"利益对产品的设计评价

设计评价时，首先，要搞清楚的就是品牌的定位、品牌文化和品牌的识别特征。一般消费者提到 BOSCH 就会想到优质可靠的德国电动工具，使消费者产生这种印象的根源就在于不同品牌都具有其各自的识别性。著名的品牌研究专家阿克于1996年提出品牌识别由四个层面构成（图3-10）：作为产品的品牌（包括产品类别、产品属性、品质/价值、用途、使用者、生产国）；作为企业的品牌（包括企业特征

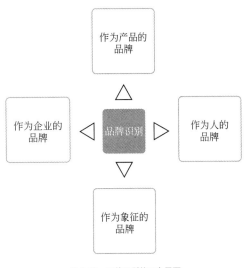

图 3-10　品牌识别的四个层面

性、本土化或者全球化）；作为人的品牌（包括品牌个性、品牌与顾客之间的关系）；作为象征的品牌（包括视觉影像/暗喻、品牌传统）。

其次，对品牌战略下的产品定位进行评估，评估产品设计方向的准确性，是以市场策略为依据而不是以即时营销结果为标准的。有策略性的设计才会具有先导性，以营销为目的的设计永远是滞后的设计。讨论产品定位阶段的评价问题，就是如何确保产品线内部的差异性和延续性，以及确保市场划分策略之间的关系。

（4）基于差异化和创新对产品的设计评价

对于差异化的评价与测定，一般可以通过与同类型产品的比较、与同系列产品的比较、与同品牌其他层次产品的比较来获得创新，并不是一个单独的行动，而是相互关联的子过程共同作用的一个总过程。创新是品牌形象的源泉，是品牌永葆青春的魅力所在。随着社会经济的发展和科技的不断进步，社会公众特别是企业产品的消费者的价值观念及需求模式也在不断更新变化。企业必须及时察觉这些变化并以不断进取的态度，适时地更新企业形象，不断推出品种繁多的新型产品以适应形势发展和人类生活进步的需求。建立品牌文化和产品的延续性并非一日之功，而是长期努力的结果，也是企业最为重要的无形财富。

对于创新评价，从消费者满足层面上看，产品的创新性归属于"兴奋层面"，争取满足兴奋层面的价值因素，既能使企业获得差异化优势，又能在竞争中获得先导优势，在评估产品设计的时候，须将创新统一在"坚持品牌优秀文化的传统、继承品牌原有的良好形象"的基础上紧跟时代潮流、适应环境变化，把创新与继承有机结合起来，塑造出值得信赖的产品。

（5）基于可用性维度对产品的设计评价

美国著名理论学者西蒙曾说："工业产品存在的唯一目的，即是满足特定的人群需

求"。所以对产品本身的角度进行评价是不可或缺的，也是最基本的。惠特尼提出了一个简单易用的运用"可用性"维度的方法：有效的、高效的、吸引力、错误宽容度、易学性。有效的，用户达成目标的完成度和准确度。高效的，在完成工作时的速度和准确性。吸引力，使用时的快乐感、满意感和有趣的程度。错误宽容度，产品如何更好地防止错误，并且帮助用户应对错误。易学性，产品如何支持首次使用和支持更深入的学习。

2. "产品设计评价"的模型框架

产品设计评价流程可归结为如图 3-11 所示的框架。该模型反映评价活动在设计进程中的先后出现顺序。

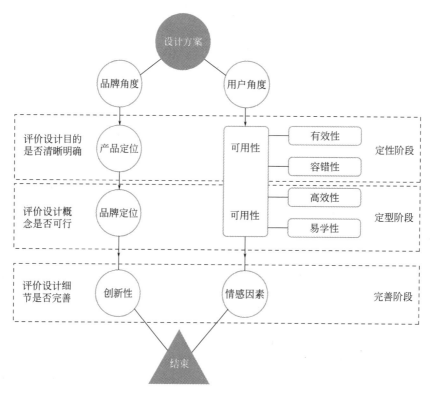

图 3-11　产品设计评价流程

在图 3-11 中列出产品设计评价流程中每一个评价点引申的细节内容，评价某产品设计时，可以直接导入此模型进行分析。观察者可以清晰地了解到设计方案在相应阶段是否能够满足相应评价点的要求，协助决策者作出判断。

3. 全过程设计评价规范流程构建

在早期工业环境的影响下，企业设计评价观念比较注重产品质量和成本监控。随着工业技术、经济及信息技术的发展，市场竞争环境日益复杂多变，设计评价向产品开发全过程延伸，旨在提升设计品质、降低开发风险、增强企业核心竞争优势。结合我国企业实际情况，构建前期用户需求定位评价、中期技术特性映射评价、后期概念方案择优评价三个阶段产品开发全过程设计评价流程。

（1）前期用户需求定位阶段

随着信息技术的不断发展及体验经济的到来，用户体验对消费者决策的影响力不断增强，企业越来越关注用户行为需求，逐渐整合技术、市场和用户需求等信息资源，提供符合用户需求的产品。用户需求定位是指企业根据用户现实性需求，对市场流行趋势进行把握，破解市场竞争环境约束等条件，进一步获得产品开发目标任务的过程。用户需求获取、识别、评价是企业产品开发活动实施的前提条件，也是企业获得产品设计创新及成功开发的基本保证。该评价活动主要是为了发现企业市场机会、创新机会和竞争机会，并界定设计范围，明确设计目标及规划发展方向。为了快速响应多变的用户及市场需求，抢占市场竞争优势，要求该阶段必须全面、准确、高效地完成用户需求挖掘、定位、属性分类及权重计算等步骤。

（2）中期技术特性映射阶段

产品开发技术创新被认为是竞争优势和商业成功的主要驱动力。实证研究结果表明，技术创新常常伴随着积极影响和消极影响。一方面，技术创新可以满足用户需求，对获得商业成功产生积极影响；另一方面，技术创新会导致企业变革和潜在环境变化，对获得商业成功产生消极影响。因此，技术创新并不总是能够显示出显著影响，这就要求企业在进行产品技术创新时，应该均衡评价技术创新对用户需求和企业现状的影响，明确自身技术优势，确定技术创新方向，避免技术创新不确定性影响整个项目产品开发周期。技术特性映射是将抽象的用户需求信息转换为相应的代用技术特性，并将其体现在产品零件、工艺及生产与控制过程中。该阶段结合用户视角下的用户需求及企业视角下的技术特性，实现需求转换。该阶段的难点在于如何实现用户需求与技术特性间精准、有效的转换。

（3）后期概念方案择优阶段

Jones 在 *A Method of System Design* 中指出："设计评价具体来说是在确定最终方案前，从诸多备选方案中，对其在使用、生产和销售方面表现的正确性给予评估。"由此，概念方案择优是在综合所有产品设计要素的基础上，对设计方案进行优选、优化的过程。不同于上述两个阶段的局部评价方式，这一阶段将更多依靠美学标准、行业工艺、结构标准等手段对概念方案进行整体综合评价，需具体到产品人机尺寸、操作界面体验、功能有效性、色彩及材质搭配、结构件装配等要素，通常需要经过多轮评价才能确定最终方案，是一个反复迭代的过程。该阶段的难点在于如何客观、准确地描述专家评判信息的模糊性及不确定性，以保证评价结果的可靠性。

需要强调的是，设计评价活动并不只是存在于产品开发过程中，设计评价还涉及产品市场销量、用户反馈、社会与环境影响等方面，以便于为产品迭代、改良设计或创新设计提供用户需求信息、设计评价依据和策略指导。

三、设计流程的评价方法

1. 前期用户需求定位评价方法

在现代信息技术背景下，用户数据成为一种分析用户需求的重要资源。例如，电子购物平台的产品用户评论文本中蕴含着产品功能、性能、服务等各种信息。但是，这些需求信息往往比较零散、非系统性，传统用户或设计师单一视角下的访谈和问卷调查方式并不能满足企业对用户需求信息全面、高效的挖掘和分析。因此，需要构建用户和设计师双向视角下基于数据挖掘技术的用户需求定位方式，如图3-12所示。

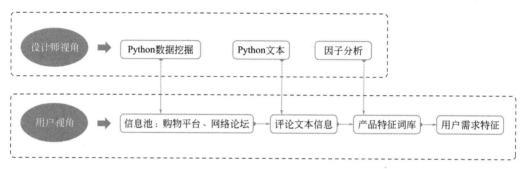

图3-12 双向视角下用户需求特征获取与定位

首先，该方法采用Python技术对购物网站、相关网络论坛等平台上的用户数据进行挖掘，获取产品评论文本信息。其次，采用Python文本分析技术对评论文本信息进行预处理，包括分词、词性标注、词频统计、情感分析等，获得产品特征词库。最后，基于因子分析对产品特征词库中的用户需求词语进行有效度、相关度分析，定位用户需求。通过该方法能够快速地对大量文本数据进行提取、分析与利用，有助于提高用户需求定位深度、精度及效度，为企业现代化设计评价、精细化设计管理提供有效指导。

2. 中期质量特性映射评价方法

质量屋是能够将抽象的用户需求信息转换成企业内部产品开发的具体技术特性，它是一种由用户需求展开表与技术特性展开表相结合而成的二维矩阵表，可以用来表示用户需求与技术特性间的复杂关系。同时，可帮助企业在有限资源条件下确定技术特征优化对象以保证用户满意度最大化。质量屋的一般形式由六部分组成（图3-13）。

① 左墙：是用户语言表达的需求项目，包含用户需求及其重要度。

② 顶楼：是设计师对用户需求的映射，是由用户需求转换得到的可执行、可度量的技术要求或方法。

③ 房间：用于描述用户需求与技术特性间的相关程度，并将用户需求转化为相应的技术特性，以表明两者间的关系。

④ 屋顶：可表明各项技术特性间的相互关系。

⑤ 右墙：是指从用户视角进行市场竞争性评估，包括对竞争企业产品的评价，以帮助企业明确产品质量规划目标，并确定质量水平提高率、产品营销卖点及用户需求权重。

⑥ 地下室：是从企业内部视角对本企业和竞争对手企业技术成本进行评价，包括技术特性重要度、技术竞争性评估及技术特性目标值，以此确定技术特性项目配置顺序。

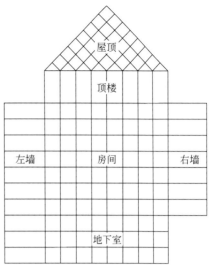

图 3-13 质量屋的一般形式

3. 后期概念方案择优评价方法

目前新产品设计方案择优的方法主要可分为三类：定性方法、定量方法及定性与定量结合的方法。

（1）定性评估法

定性评估是一种接近人思维方式的评估方法，是一种感性且比较直观的评估方法，主要用于需要在定量研究基础上作出定性分析时、量化水平比较低时或者当评估准则根本无法量化时。总的来说，定性评估法的优点在于可以不用受限于统计资料，决策者可以运用自身的经验与智慧，从而避免或减少由于统计信息不准确或不充分而产生的片面性认知，其缺点在于评估得到的结果容易受到评估人员经验的限制及主观意识的影响。

（2）定量评估法

定量评估法的依据是一些相关的统计资料或者进行试验获得的信息，是一种科学、理性、客观的方法，其优点在于评估时完全以客观定量的资料为评估依据，并运用科学的计算方法进行评估，消除了很多不确定性、主观意识与经验的片面性影响，使得评估结果可以有较大的可靠性与科学性；定量评估法的缺点在于当评估的内容相对比较复杂时，评估的内容就会难以用确切的数量表示出来，进而影响评估结果。

（3）定性与定量结合的评估法

由上述定性评估法与定量评估法的优缺点可知，只使用定性评估易受较多随机因素及评估人员主观偏好的影响，使得结果带有一定的片面性；只使用定量评估，当评估内容与表现情况复杂时，难以用数量表示出来，以及评估人员可能背离打分标准的情况。从中可以看出，定性与定量评估法的优缺点是互补的。因而，可以使用定性与定量评估恰当结合的方法，综合定性评估法与定量评估法的优势，更好、更有效地实现对新产品设计方案的择优评价。

通过研究构建了面向企业用户需求的产品开发全过程设计评价流程。首先，构建了精准、高效的产品开发前期用户需求挖掘及评价方法，获得需求属性权重。其次，构建了产品开发中期用户需求与技术特性动态映射及评价方式，获得产品设计参数。最后，构建了产品开发后期概念方案群组择优评价方法，获得最优设计方案。该方法实现了企业产品开发全过程设计评价需求，为相关企业产品开发提供了参考。但是，该评价流程及方法运用必须以相关专业知识为基础，这在一定程度上制约了企业应用、推广和普及的可行性。因此，结合信息系统开发技术，构建产品开发全过程设计评价集成平台，将复杂的设计评价过程可视化，可使企业更加方便精准地掌握关键信息，快速进行复杂分析与执行系统化评估结果，以保证产品设计品质，增强企业核心竞争力。

第四节　系统整合创新设计与商业化

一、产品的商业化意义

商业化指的是权利人以自由、平等的交换为手段，以盈利为主要目的的行为。商业化是相对艺术化而言的，艺术可以是非常有个性、非常自由地表达个人情感的东西，而商业是有明确目的地表现被设计对象的主体。不管是艺术化还是商业化，前提都是要符合最基本的大众审美观。

商业化设计，从文字表面的意思可以理解为以盈利为目的而进行的设计，但这种理解有一定的片面性。具体地说，产品的商业化设计是指在保证和体现产品功能的基础上，适应市场需求，增大产品流通量，加速产品流通速度，而对产品所进行的可持续发展的有益设计。在市场环境下，每一个设计都是平等地面对挑战和机遇，自身的设计优势才是赢得消费者青睐的关键。商业化设计，无疑会使产品更加符合市场中大多数消费者的需求。

设计的商业化是商品经济发展的必然结果，有其自身的合理性。一方面，设计以具体商品形态面向广大消费者，因而相互之间产生互动，既促进设计艺术自身的传播与发展，又影响消费者的审美趣味和价值取向。另一方面，交换价值的实现能够为设计艺术的再发展提供良好的物质环境和精神动力，从而推动设计艺术内部的创新激情与要求。然而，设计的商业化生存导致它最终的价值取向走向了生产商业性。

1. 创新设计与生产商业化转化的价值

创新设计与生产商业化转化有利于促进生产社会化，解放和发展生产力，充分动员社会资源，满足用户日益增长及不断差异化的物质文化需求，协调生产关系和生产过程，促使工业产品充分而迅速地实现价值，从而建立循环、高效、完善的工业体系。创新设计与生产商业化转化是以保证和体现产品功能为前提条件，而随着现代产品设计向商业化市场的靠拢，商业化的产品设计也引起了社会的高度重视。现代产品的商业化设计应当是统筹兼顾，既要考虑到盈利方面的因素，也要考虑到产品的功能性。

以 POP MART 盲盒设计为例（图 3-14），POP MART 盲盒提出了"零售娱乐化"的概念，让潮流玩具附加情感价值。在营销上，与消费者建立情感关系，国内零售业从销售商品转向销售情感，从传递货物转向传递娱乐，建立新型商业销售模式，用户通过盲盒对内部充满期待，无意间提高盲盒自身的价值；营销上除了盲盒模式，泡泡玛特还围绕产品开发了不少玩法，如摇号购买限定款、玩手机游戏收集虚拟碎片换取实体娃娃等。不断更新的营销模式使 POP MART 盲盒得到不断发展、不断优化而产生效益。形象上采用潮玩形象，签约了顶级的设计师，以最优质的方式和可控的手段，让设计发挥最大的附加价值而变成占领市场的一种商品，由此建立起一条完整的产业链。

图 3-14　POP MART 盲盒设计

创新设计与生产商业化转化的产品还须遵循社会进步，有利于经济发展和用户的使用，既要满足当代人的需要，又要充分考虑后代人的可持续性发展。在我国的国情里，设计要避免诸如"有计划的废止制度"之类的浪费型设计。

2. 创新设计与生产商业化转化的弊端

设计的发展跟社会经济发展趋势整体上是成正比的，但是不同地区对于设计的认知也是存在差异的，只有满足了经济、物质方面的需求后，只有当用户对设计和世界的认知有一定基础后，才会对设计再次做出规划，对精神方面的需求和个性化的追求渐渐会更加凸显。然而，创新设计与生产商业化转化是指根据时尚趋势或者大众审美潮流的特点而做的设计，没有太多的原创性设计，一味地追求所谓的"潮流"，其本意就是为了物质需求，并非其审美已经达到了一定的高度。

二、产品的商业化形式

1. 专利技术

专利技术是一家公司最实质性的优势，如谷歌的搜索算法，搜索效果比其他的搜索引擎都好，超短的页面加载时间和超精准的自动查询增加了核心搜索产品的稳健性和防御力。一般而言，专利技术在某些方面必须比它最相近的替代品好上十倍才能拥有真正的垄断优势。要做出十倍改进，最有效的方法就是创造出全新的、前所未有的新事物。例如，产品的发明专利在一个领域创造了前所未有的价值，则公司价值就会无限增长；或者可以代替、改进人类的生产制造和生活方式等；或者可以避免市场的竞争、超越并引领行业的可持续发展。

2. 网络效应

网络效应是一项随着越来越多的人使用而变得更加便利，其网络效应的作用也随之增强的现象。只有产品在网络群组成一定的规模时，用户和产品间的交互、沟通才会有价值，才会感受到网络效应的推动作用。互联网技术的发展，造就了各行各业的不断发展，也改变了人类的生存方式、生活方式等方面。

3. 规模经济

企业规模越大，开发一项产品的固定成本就需要更高的销量来分摊。例如，软件开发就享有非常大的规模经济效应，因为产品不需要重复的投入，边际成本趋近于零。一个好的初创企业在刚开始设计时就应该考虑到未来大规模发展的潜能。例如，虽然"推特"现在已经拥有了 2.5 亿用户，但它不需要为了得到更多用户再添加定制的特性，其内在的运行机制可以让它持续增长。

4. 品牌优势

一家公司最显而易见的垄断就是对自己品牌的垄断，因此打造一个强势品牌是形成垄断的有力方式。例如，当今最强势的科技品牌是苹果，它的产品具有吸引人的外观、一流的用料、时尚的简约设计、精心控制的用户体验、无所不在的广告、优质产品该有的价格，这些都使苹果不断地能创造出属于自己的品牌产品，增强用户的流量。

5. 破坏性创新

"破坏"是指一家公司可以用科技创新低价推出一种低端市场产品，再逐步对产品做出改进，最终取代现存公司用旧科技生产的优质产品。例如，个人计算机的出现，瓦解了大型计算机的市场等。

三、产品的商业化方法

21世纪数字科技生活环境下，多数产品设计无前例可循。面对现今数字科技革命的冲击，科技对产品的支配力更大，产品生命周期更短，社会生活状态变化更快，工业设计师需要重新思考企业的产品设计工作。现今企业所面对的是一个快速变动的时代，其成败关键需仰仗设计师、企业行销专家等工作者的努力，捕获市场信息和满足顾客的不同需求去完成创新设计。设计不只是设计师或设计部门的工作，而是需要各个部门的专业人员的整体配合与协作。

1. 产品的商业化转化的方法

创新设计与生产商业化转化的最佳方法就是建立以"消费者为中心"的思考模式。一件产品的开发是否体现了消费者真正的需求，首先要了解消费者怎么想、怎么说、怎么做，这对于产品设计生产商业化开发至关重要，它是设计开发前设定概念的依据。工业设计、工程制造、市场营销都必须围绕这一基本要求服务，从各个方面协调发展，最终实现消费者的需求。以消费者为中心的意义可以从三个方面理解。

（1）为消费者服务方面

它是对消费者服务的过程，充分考虑消费者的消费利益与使用需求，达到产品性能与用户需求的协调一致。

（2）促进企业发展方面

它是对企业负责，降低投资风险的过程，准确了解并把握消费者需求信息，保证企业产品开发定位的准确性。

（3）利用社会资源方面

它是一种对整个社会发展负责的过程，从群体意义上讲，对社会主体消费群的把握是有效利用资源、引导健康消费的关键环节。以消费者为中心，就是从消费者的利益和角度出发，研究消费者的所需和所想。设计开发人员受主观因素影响较多，而使用者关注的是产品在生活活动中能带给自己的积极影响。这两者之间的区别就会造成产品开发的偏差，因此设计开发人员必须了解使用者的状况。针对"偏差"的问题可以从两个层面上来解决。第一，运用易位思考模式，尽可能设身处地为消费者着想，与消费者交流，尽可能使产品概念定位细化，使参与产品设计开发的各专业人员都认同、理解并达成共识。第二，在产品开发的各个阶段都不断让消费者参与其中，减少主观臆想，以便方案的修正。

2. 产品的商业化转化的开发操作流程

（1）前期设计规划

① 设计项目，制订计划。在接到项目后，绝大多数情况下客户对自己的产品有较深入的思考，作为设计方，对客户的要求既要充分地尊重，也要耐心地引导，使其思路逐步进入合理的轨道，这为以后的顺利工作奠定了沟通的基础。同时，设计师向客户展示自己过去的设计成果等。然后进入商务谈判的程序，设计师采取边工作、边谈判的策略，先制定出"项目可行性报告"及"项目总时间表"。

② 市场调研，寻找问题。产品竞争力的关键是产品能否给消费者带来使用上的最大便利和精神上的满足，因此必须认真细致地进行市场调研。调研主要分为产品调研、销售调研、竞争调研。通过市场的调研，厘清产品市场销售情况、流行情况，以及市场对新品种的要求。明确：现有产品的内在质量、外在质量所存在的问题；消费者不同年龄组的购买力，不同年龄组对造型的喜好程度；不同地区消费者对造型的好恶程度；竞争对手产品策略与设计方向。

③ 分析问题，提出概念。提出问题首先是能发现问题，问题的发掘是设计过程的动机，是设计的起点。通过发现与思考，设计师从用户在使用产品过程中发现问题并给予解决的例子，从使用方式、功能结构、材料、造型等方面都可以作为入手点，提出设计概念，并在这一概念指导下从事设计工作。

④ 设计构思，解决问题。有了设计概念，设计工作将进入构思阶段。构思是对既有问题所作的许多可能的解决方案的思考。构思的过程往往是把较为模糊的、尚不具体的形象加以明确和具体化的过程。

⑤ 设计展开，优化方案。构思方案完成之后，设计师要进行比较、分析、优选工作。从多个方面进行筛选、调整，从而得出一个比较满意的方案，进入具体的设计程序之中。设计展开是进入设计各个专业方面，将构思转换为具体的形象，如功能、形态、色彩、质地、材料、加工、结构等方面。利用直观的设计效果图便于帮助客户了解设计的效果。

⑥ 深入设计，模型制作。产品的基本样式确定之后，主要是进行细节的调整，同时要进行技术可行性研究。方案通过初期审查后，对该方案要确定基本结构和主要技术参数，为以后进行的技术设计提供依据。为了检验设计成功与否，设计师还应制作一个仿真模型，充分考虑到产品的立体效果，为下一步深入提供的检验物。

⑦ 设计制图，编制报告。设计制图包括外形尺寸图、零件详图及组合图等。这些图的制作必须严格遵照国家标准的制图规范进行。设计制图为下面的工程结构设计提供了依据，也是对外观造型的控制。而设计报告书是以文字、表格、表现图及模型照片等形式所构成的设计过程的综合性报告，是交由企业高层管理者最后决策的重要文件。

⑧ 设计展示，综合评价。根据上述报告制作产品展示版面，而后对设计进行综合评价，从使用意义和销售意义两点原则出发评估产品。

（2）中期生产过程

在市场决定批量生产后，部门即准备工程蓝图。先从事小批量试制，以检验工程设计及生产设备、工具、夹具的配合，并将试制样品送市场及开发部门检验，准备试用工作。产品设计开发部门与产品营销人员配合，以抽样方式选取消费者代表，将试用样品装设于实际应用场合作为短期试用，并收集实况应用资料及消费者反应，以做批量生产上市前的修正。修正结果呈交总经理或最高决策主管最后核定。产品经核定后，产品设计开发部门将生产制造有关的资料，移交制造部门，执行批量生产制造。

（3）产品营销模式

设计开发部门将在设计开发过程中与市场推广及销售拓展所需的有关参考资料移交市场部门，以便开展推广、销售、运输库存、售后服务等工作。产品正式上市，此时企业所开发的产品将会具有消费者所需的功能及品质，并且是消费者所愿意支付的价格。产品正式上市以后还要积极掌握市场的反馈信息，为新一轮的产品设计做好准备。

营销是产品的生命之源，断了营销就等于断了产品的生命。生产商业化在进行产品设计时应具有清晰明确的营销思维，针对不同的产品类型采用不同的营销模式，从而达到利润最大化，而后对市场再次进行调查，修补漏洞，在营销上也同样根据市场变化不断改变策略。

3. 产品的商业化转化的原则

① 市场性。作为一种产品，产品最终是需要走向市场并会受到市场的考验。随着用户生活水平的提高，用户对产品的功能需求也越来越高，个性化的市场也愈发明显。产品要想占领市场，就必须深入市场、立足市场来进行产品设计，设计符合市场发展需要的产品。对于准备开发产品的企业来说，深入分析该产品的市场表现，对市场轮廓做出确切精准的把握是创新设计与生产商业化转化的基础，在现代产品设计中立足市场，要更好地节省产品生产成本。

② 生态性。目前，许多企业盲目地追求产品的外在创新，而这种外在的包装会加剧资源的消耗与浪费，许多产品还会对环境造成威胁。而随着可持续发展战略的提出，用户的环保意识也越来越强，在现代创新设计与生产商业化转化中，设计者应当认识到生态的重要性，在产品创新和生产商业化转化中加入生态性，减少物质与能源的消耗，减少有害物质的排放，有效地实现产品的回收利用。

③ 现代性。在现代社会里，用户的观念也发生了变化，新的思想、新的审美对用户产生了巨大的影响，现代主义已成为时代的主义。在现代产品商业化设计中，要想推动产品的发展，就必须在产品设计中展现新时代下的现代化美学精神与设计思想，设计人

员要积极地转变设计观念，要善于利用新技术、新材料、新工艺来进行产品设计，从而更好地满足社会发展的现代需要。

四、相关课题分析

产品的商业化在互联网产品中尤为突出，互联网产品主要有商业产品、用户产品和平台产品等几种类型，研究较多的是商业产品和用户产品（图3-15）。商业产品，是指面向商户、企业及机构的产品，在产品出现之初商业模式就已经基本确定，并有明确的与产品相关的经费方案，如网易邮箱企业版、腾讯企业版等。用户产品，是指产品面向消费者、用户及个人的产品，通过满足用户需求，逐步实现商业利益，虽然在产品出现的时候盈利模式并不确定，但目前大多数互联网产品都是基于用户的产品类型。

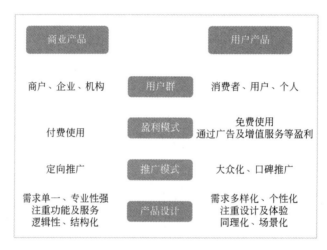

图 3-15　商业产品与用户产品的比较

无论是商业产品还是用户产品，最终目的都是商业化，即获取商业利益。商业产品可以为企业带来收益，而用户产品大多是免费使用，它在积累了一定的用户量和用户口碑之后，通过广告、增值服务等方式为企业创造收益，进而走上产品商业化的道路，如图3-16所示。

互联网产品的特性决定了用户是产品发展的重要决定因素，寻找并创造用户价值点是产品的重要任务。但是当产品发展到一定的阶段，追求商业价值的脚步开始逐步逼近，随着广告和增值服务等常见方式的出现，原本简洁、流畅的产品，可能会随着各种弹窗、广告位、运营推广等内容渗透，而遭到用户的反感甚至是抵触，这个时候需要将产品的商业价值与用户价值做到平衡。

以 YouTube 的开发为例，探索"商业价值与用户价值如何达到平衡"的问题。首先，YouTube 推出了只有被持续观看30秒以上的广告才会收费的 True View 模式，允许用户观看 5 秒后关闭，并非强制用户观看 30 秒，投放广告的客户只为观看超过 30 秒的有效用户买单。这种商业模式通过允许用户 5 秒关闭，保护并尊重了用户的自由控制权，其用户体验较好，同时也对广告的质量提出了较高的要求。其次，YouTube 的广告可以准确定位到目标人群，所有投放到 YouTube 的广告，都会明确广告关键字、目标人群的资料（如性别、年龄、地域用户浏览的兴趣和类别等信息），同时依靠"谷歌（Google）"较强的账号系统和数据支持，使广告的针对性相当强。例如，用户如近期在"谷歌"上搜索过汽车价格，则下一次再看 YouTube 的时候，就会出现 BMW 最新款的广告，

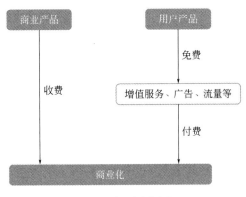

图 3-16　产品商业化流程

从 YouTube 的案例中可以总结出平衡商业价值和用户价值的几种方法：结合用户使用场景设计，在用户观看视频的场景下推送广告，而非在页面内堆砌布局；提升设计质量，给用户在观看时带来愉悦感，高质量的视频创意和内容让看广告成为一种享受；不同行为和标签的用户设计内容差异化、精准化，推送与当前用户需求强相关的广告内容。

第
四
章

系统整合创新设计与
用户研究

第一节　系统整合创新目标用户的界定

一、目标用户的概念

用户研究是一种理解用户，将用户的目标、需求与商业宗旨相匹配的理想方法。用户研究不仅对产品的设计有帮助，而且也会让产品的使用者受益。就用户研究的现状来看，广义上的用户研究是指以用户为中心的设计观念下的所有理论和方法。狭义上的用户研究仅仅指的是"以用户为中心"的设计流程中的第一步。本书中提到的用户研究是基于广义的用户研究的概念，指的是在产品生命周期中的用户研究，而不仅仅指产品开发期的用户研究。

用户研究的主要应用是帮助企业定义和分析产品的目标用户群体，明确和细化产品概念，并且通过对用户的任务操作特性、认知心理特征、知觉特征的研究，使产品设计以用户的实际需求为导向，更加符合用户的使用习惯和心理期待。在与用户有关的几个概念中，"以用户为中心的设计"侧重于设计思维或者设计方法论，"用户体验"侧重于用户的主观感受，而"用户研究"则是"以用户为中心的设计"的设计方法论在设计研究中的具体应用，侧重于具体的研究方法和操作工具。

"以用户为中心的设计"（User-Centered Design，UCD）是一种创建吸引人的、高效的用户体验的方法。以用户为中心的设计思想指的是在开发产品的每一个步骤中，都要把用户列入考虑范围。相较于其他设计思想，以用户为中心的设计思想主要是尝试围绕用户如何能够完成工作、希望工作和需要工作，来优化用户与产品的交互，而不是强迫用户改变他们自身的使用习惯来适应产品开发者的想法。

1.用户研究的发展阶段

用户研究始于1920年的哈佛大学，人类学家劳埃德·沃纳在伊理诺斯、西塞罗等地的工厂调查工资、工作条件及其他影响生产力的因素，这是用户研究最初形态——实地研究。

詹姆斯·阿诺德将美国工业设计中"实地研究"的历史分为四个阶段。

① 第一阶段为初始期。当时的设计研究主要是人因工程研究方面，研究对象为产品使用的物理尺寸，对于心理和知觉方面的研究则几乎没有。

② 第二阶段为进步期。这个时期是设计研究社会科学一体化的时代，越来越多的设计师开始运用社会科学的方法来研究人与社会、人与产品及行为与心理的关系。

③ 第三阶段为收敛和发展期。在这一阶段，设计流程中已经开始出现研究的身影。例如通过语言、行为、情感等迹象来发掘用户的态度、想法、使用情况及潜在的心理需求。研究方法也相应地从各种社会科学的方法中逐渐转移到民族学的方法，研究人员也

不仅仅是设计师，而是由多个学科的协作团队共同组成。

④ 第四阶段为应用和标准化期。在这一时期，"以用户为中心的设计"的概念逐渐被大众接受并成为主流，用户研究已成为工业设计的程序之一。其研究的重心也从产品生命周期转向产品的易用性和用户需求，工业设计的研究方法推陈出新，同时用户研究从"隐学"向"显学"转化。

进入 20 世纪 90 年代，互联网行业蓬勃发展，越来越重视用户体验，并将其作为一个独立的工种引入产品设计当中。后又细分出"用户研究"，专注于挖掘用户需求，解决用户问题的全新领域。在国外的许多互联网科技公司中，用户研究已经成为产品设计开发中必不可少的环节，并引领着整个产品的走向。在企业中，现有用户研究的参与方式可分为自主研究与外包研究两种。自主研究是企业或团队内部拥有自己的用户研究团队，通过运用合理的研究方法，直接为设计开发人员输送所需的研究数据。这种研究团队，更熟悉自己的产品与定位，能更好地把握目标用户的需求，与设计开发团队的沟通也更方便顺畅。但在实际工作中，企业往往为了节约成本，配备的用户研究人员数量有限，这会影响最终研究结果的准确性。外包研究是企业通过专业的设计咨询公司，间接获取需要的用户数据。其中比较知名的有 IDEO、Frog、ECCO 等设计机构，这些公司拥有专业的知识和丰富的研究经验，能够为企业提供全面深入的研究结果及解决方案。

2. 用户研究的国内外概况

（1）用户研究的国外概况

国外的用户研究水平相对较高，研究人员拥有系统成型的理论基础、专业的研究素质、完善的研究设备及良好的研究氛围。2003 年，IDEO 出版了《IDEO 的 51 张创新方法卡片》，总结了 51 种创新设计思路，同时也为设计师探究用户心理与行为提供了指导方法。用户体验在国外出现较早，发展也较为成熟，高校中设置有相关学科或专业，可为企业输送具备专业素质的人才；同时，企业中的系统化培训与管理，大量的基础性研究工作，也使相关人员的专业技能不断提高。国外的大型互联网科技公司或设计咨询公司，往往会花重金建设相应的用户研究实验室，如 google-lab、IDEO-lab 等。注重体验的思维已经在国外用户研究中根深蒂固。可见，成熟的理论与操作经验，在一定程度上减少了研究阻力，保证了国外用户研究的良性运转。

（2）用户研究的国内概况

用户研究在我国开始于逐渐兴起的互联网行业，其发展速度飞快，受到越来越多的重视，并逐渐影响其他行业。一些大型互联网科技公司在部门设置中都设有用户体验中心，其职责是把控和推动产品的用户体验，如百度 UED、腾讯 CDC、淘宝 UED 等。这些部门中包含用户研究、交互设计、视觉设计、前端设计四种工作职能，在一定程度上反映了企业领导者对用户体验的重视。同时，国内也开始涌现出一批设计咨询公司，如唐硕等，虽然不像 IDEO、Frog 那样具有全球影响力，但都会进行用户研究工作的探索。2010 年，由 20 多家我国知名公司和大学联合支持创办的非营利机构——国际体验设计协会在广州成立，这是全国第一个受政府认可的体验设计协会，它标志着国内用户体验开始受到政府部门的重视。该协会每年会在北京、杭州、广州、深圳四地举办相应的体验设计大会，探讨设计趋势，传播体验文化，其中就有关于用户研究方面的会议内容。可见，虽然用户研究在我国刚刚起步，但发展势头良好，影响力巨大。

在国内不同性质的公司中，用户研究的定位和价值也不尽相同。研发科技类公司多为技术导向型，公司往往将大量的人力物力投入到产品技术的研发和测试中，对用户体验的重视程度较弱，导致用户研究缺乏绝对的话语权；互联网类公司，用户是产品的最终评判者，公司对用户体验的重视程度相对较高，但用户研究的工作有的偏重执行，地位仍有高低之分；设计咨询类公司，设计或体验报告是最终的交付成果，因此非常重视用户体验，对用户研究工作的开展也非常积极。

二、目标用户群体定位

1. 目标用户群体定位的作用

随着我国经济市场化程度的不断加深及买方需求的多样化趋势，构成产业链的元素进一步分裂，市场细分成为 21 世纪我国经济成熟的标志。为满足消费者日益细化的需求而衍生出许多细分行业，使单元产业的价值链条愈渐加长。

用户研究对用户和公司具有互利作用。对于公司设计产品来说，用户研究可以节约宝贵的时间和开发成本，创造更好的产品。对于用户来说，用户研究使产品更加贴近用户的真实需求。通过对用户需求的理解，能为用户解决实际问题。实现以人为本的设计，必须把产品与用户的关系作为一个重要研究内容，先对用户与产品关系进行设计，设计人机界面，然后按照人机界面要求来设计机器功能，即"先界面，后功能"。

2. 用户群体确定

在初步确定目标用户群体时，必须关注企业的战略目标，它包括两个方面的内容：一方面是寻找企业品牌需要，特别针对具有共同需求和偏好的用户群体；另一方面是寻找能帮助公司获得利益的用户群体。通过分析居民可支配收入水平、年龄分布、地域分布、购买类似产品的支出统计，将所有的用户进行初步细分，筛选掉因经济能力、地域限制、消费习惯等原因不可能为企业创造利益的用户，保留可能形成购买的用户群体，并对可能形成购买的用户群体进行分解，分解的标准可以依据年龄层次、购买力水平、消费习惯等。由于分析方法更趋于定性分析，经过筛选保留下的消费群体的边界可能是模糊的，需要进一步的细化与探索。

3. 需求分析

定义了目标用户群体，企业下一个目标就是明确向该目标用户群体提供怎样的产品价值。为此，需要从多个角度了解用户对产品的不同需求，将不同变量中的数据结合在一起，包括地理分析的、人口统计的、心理研究的、行为研究和需求研究的数据，定义有意义和可操作的目标用户群体需求轮廓。有技巧地进行用户的调查研究，包括问卷、座谈、家庭访问、组织训练营来了解用户每一天的生活。

此外，还要了解用户对产品的体验需要。为了给目标用户群体带来更好的效益，需要从用户的行为、态度、购买动力等各个方面来了解他们的真正需求。对用户的研究主要有三种方法。

① 定量分析。对市场中的用户行为的基本概括。例如，产品测试、包装测试、广告文案测试等。

② 基础性的用户研究。主动对一个品类或者产品中用户基本行为的了解。例如，业务分类研究、品牌资产调查、习惯和经验研究等。

③ 经验性的用户研究。是对用户的深入研究，将定性和定量研究与用户的生活联系起来进行分析。

4. 二次细分

在根据企业战略目标初步判别目标用户群体的轮廓之后，需要对这个范围较大的目标用户群体进行二次细分，目的是帮助确认目标用户群体的最终方案。

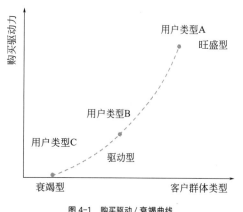

图4-1 购买驱动／衰竭曲线

首先，通过综合定性判别，并结合小规模的用户调查或经销商访谈，丰富已经初步确定的战略目标用户群体分解标准，赋值形成购买驱动／衰竭曲线，如以年龄层次、购买频率、购买支出占可支配收入的额度为分解标准赋值等，如图4-1所示。

其次，需要对总体目标用户群体进行排序，即确定首要关注对象、次要目标和辐射人群。首要关注对象是指在总体目标用户群体中，有最高消费潜力的那部分用户。首要关注对象有四种类型：经常性或者大量购买该产品的用户、刚刚开始接触和购买同类产品的用户、对产品有最高期望值的用户、产品的早期使用者（他们能起到示范效应）。次要目标是指与企业战略目标有分歧的，但能为产品创造重要销售机会的用户。辐射人群是指处于总体目标用户群体内购买欲望最弱的那部分群体，但他们可以被企业的营销手段影响而形成偶然购买群体，甚至最终成为固定购买群体。

再次，通过营销乃至推广手段使首要关注对象成为产品的忠实拥护者、品牌的深刻感知者，能够帮助企业获得较高且稳定的销售收入。

最后，企业通过用户关系管理手段经营次要目标及辐射人群，在中长期获得较高的销售收入。

5. 动态调整

许多企业在推出新单品的时候都会非常慎重地进行产品定位，但在产品与用户"亲密接触"一段时间之后，往往忽略接受用户信息反馈。因此需要企业建立有效的信息跟踪机制，对市场上的变化及时跟踪了解，在需要的时候调整策略，并适时推出针对性产品迎合用户需求，但在理性分析用户需求的基础上还需要有针对性地对产品的战略、营销加以调整。因为用户行为有时是从感性角度出发，而不是理性地考虑技术方面的因素。例如，用户在个人价值观动摇或者观念与显示不协调的时候会表现得很消极；用户只有在产品能够满足他们真正的需求或有所期望时才会对产品产生兴趣；用户在选择产品时有很强的主动性。

第二节　系统整合创新用户研究的方法

一、目标用户群划分方法

1. 传统产品用户群的划分方法

（1）人口统计学的属性维度划分

由于不同用户所具有的属性不同，比如文化、年龄、性别、职业、收入等差异性的存在，因此最早期的用户研究是以这些属性为维度进行用户群的划分，这种分类维度称为"Demographic"，即"人口统计学的属性"。这样的分类方式能够准确地获得产品用户的属性数据，直观地揭示所调查的用户群的本质规律及发展趋势。在实际情况中，用户的特征信息非常多，几乎任何一个特征因素的不同都会导致用户对产品使用的行为习惯不同。虽然这个分类方法能够准确地获得分类数据，但对于用户需求的考虑相对较少，划分之后的用户群相对于产品的定位精确度较低，如依照上述的几种基本用户类别，得到的结果会在相符度与精确度之间失去平衡。

（2）用户特征多维度划分

为了更好地根据用户需求特征来获得用户划分结果，在人口统计学的属性划分的基础上衍生出了多维度用户特征研究方法。多维度的分类方法，就是在考虑产品对用户的约束因素及用户自身特征的因素中筛选，以获得重要的维度因素来划分用户群体。基本的特征主要包括用户年龄、性别、收入水平，用户对于该产品的使用经验和偏好、使用目的等因素。产品对用户的约束因素主要包括形状的确定、颜色的不可更改性、按键的唯一性等。多维度的用户分类方法中的维度因子、细分程度不会只通过一种相对固定的模式或者方法通用。最有效的维度往往不是那些通用维度的标准，而是和目标产品或者产品所在领域是否有直接的关联，是否能反映出特定的交互行为特征等。所以在涉及具体产品的用户分类时，首先需要明确的就是产品的分类目的，再针对产品的用户定位，进行最终的决策。

2. 产品用户群的动态划分

随着网络时代对用户群体的不断推进，产品更迭速度越来越快，用户群的需求特点也实时处在一个变化的进程中。通过多维度的划分来研究用户群的产品需求特点，以及动态地研究用户群类别，从而在产品用户群中寻找到相符度和精确度相对平衡的定位。

（1）用户核心需求的确立

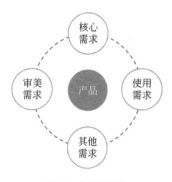

图4-2　产品需求分类

产品设计开始阶段，首先明确产品概念和方向。任何产品的存在都是为了满足用户的需求，用户对产品的最主要的需求，就是产品最核心的概念和方向，称之为产品的核心需求（图4-2）。比如手机产品，不论是普通手机还是智能手机，用户使用手机最根本的需求就在于通信质量，细分手机产品必须是在保证基本通信属性基础上对产品的概念和方向层面的细分。

（2）用户群类别分析

明确产品用户的核心需求后，就需要对产品的目标用户群特征进行分类。以教学网站为例，该产品的整体需求是"帮助用户方便准确地获取所需要的教学服务"。那么对于产品的目标用户群，主要可以分为学生用户、教师用户、评估用户三类。

① 学生用户特征。该用户群主要通过虚拟教学网站获得课程所展示的实验、数据、理论等知识。这类用户群相对的在认知成熟度、学习期望、计算机操作水平、欣赏风格等维度存在较大差异，所以在对该用户群的研究中，从以上几种维度进行研究分析。

② 教师用户特征。该用户群一般年龄跨度比较大，专业知识极强，计算机操作水平呈现同年龄跨度相近的特点。其主要通过虚拟教学网站发布课程要求、实验数据等教学内容，是网站的参与者同时也是使用者，对于产品的欣赏风格倾向稳重。

③ 评估用户特征。该用户群主要是对于教学网站进行评估调研的用户。例如，教学组组长、学院领导等职位的用户。一般来说，该用户群对于网站风格、教学内容、操作方式等方面非常关注。该用户群同样具有较强的专业知识，所提出的建议对网站内容设计非常具有参考价值。

（3）用户群类别优先级研究

对产品目标用户群特征进行分析后，还应考虑用户群之间存在优先级的区别。用户群类别的优先级分析（图4-3），是用户群架构产品的合理性的保障。在产品架构过程中对于用户需求方面重视，让产品设计师能分别通过不同优先级的用户群需求来设计产品架构和决策产品定位，这是对产品需要提供的功能、功能结构组成、主次关系的保证。

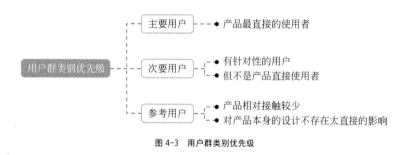

图4-3　用户群类别优先级

以教学网站为例，对用户群之间的优先级进行三类划分。

① 第三类评估用户。是对产品相对接触较少的用户群体，用户使用网站的机会在于特定时间和特定活动，而且用户行为的主要内容在于考察教学内容和教学质量，对产品本身的设计不存在太直接的影响因素，属于平淡用户群，作为"参考用户"。

② 第二类教师用户。该用户群几乎全程参与到网站的建设中，对于网站的教学内容及教学质量具有直接的影响，是有针对性的用户群。但由于该用户群并不是直接使用者，对网站的需求在于发布信息、维护系统、教学授课等方面，作为"次要用户"。

③ 第一类学生用户。该用户群是网站最直接的使用者，该用户群通过网站获取教学内容、教学资源，从而完成学习任务，几乎所有的行为都需要通过网站进行，该用户群的交流和行为都会直接或者间接地体现在使用过程中，作为"主要用户"。

（4）用户群模型建立

为了使划分出的用户群类型更直观，并且尽量减少主观臆断带来的误差，让设计师理解相应用户群对应的真实需求，更好地达到不同用户群的需求服务，需要创建相应的用户模型，用户模型是在用户群类别分析的基础上建立的。

构造虚拟角色的过程需要从用户群需求的角度考虑，从不同用户群行为特征表现出来的多种维度进行构造。用户模型能清晰揭示用户目标，帮助设计师更好地把握关键需求、关键人物、关键流程，决策产品定位。用户模型始终贯穿在产品的全过程，不断得到使用和更新，使动态更新的用户模型越来越接近真实用户群的需求特征。在创建用户模型过程中可以参考"十步人物角色法"进行构造。"十步人物角色法"是一种用户模型建立方式，分别是：发现用户、建立假设、调研、发现共同模式、构造虚拟角色、定义场景、复核与跟进、知识扩散、创建剧情、持续发展。

（5）产品不同阶段用户群的动态划分

用户群模型建立后，通过问卷等形式访问用户并在现实中分别找出相对应的特定用户群体，将产品雏形交给这些相对应的特定用户做易用性测试，再将测试报告反馈给设计师，进行产品的完善。用户群的划分不仅仅停留在产品设计的初级阶段，在产品投放市场之后，也应继续跟进用户群体，对用户使用产品时的行为反馈进行跟踪式调研，继续完善用户群模型并进行动态更新，逐步细致和精确产品目标用户群的划分。如图4-4所示，产品概念和方向确定，其中渗透了对用户产品需求的研究，究其各自不同的属性，将用户群划分为不同的类别，再根据各自的特性对用户群的分类进行需求优先级分析，构建用户模型。依据用户模型展开产品设计开发，并不断地对产品目标用户进行跟进研究，以获得用户新数据，再反馈给用户研究团队，进行目标用户的完善和修正，以此循环、动态式进行目标用户群的分类和分析。

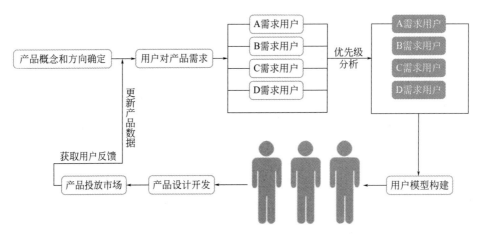

图4-4 产品目标用户群划分动态

通过以上可以看出，要想明确把握产品用户的需求，针对产品的用户定位进行设计决策，最有效的方法往往不是那些通用的标准，而是和目标产品或者产品所在的领域有着直接关系。它能反映出特定的用户交互的行为特征，但利用用户模型能够清晰揭示用户的目标，帮助设计师能更好地把握关键的需求、人物对象、设计流程和明确产品的市场定位。用户群体的划分也要与时俱进，不论是产品设计阶段还是投放市场的以后阶段，都应不断地跟进用户，捕捉其变化，实时更新。

二、用户样本选择方法

1. 样本选择的理论基础

虽然在市场研究领域中有相应成熟的样本选取方法（即抽样），但这并不适用于用户研究领域。总体看来，市场研究注重样本对总体的"代表性"，随机抽样的优点取决于样本的数量。而用户研究注重小样本的深度研究，注重样本的"典型性"，而不是覆盖大量没有针对性的人口统计调查。因此，用户研究中对样本的选择方法与市场研究中对样本的选择方法不同。

用户是复杂的群体，用户与用户之间存在着很多差异性。用户研究注重选取典型的小样本，因此在研究过程中，通常需要对用户进行细分，从而有针对性地展开研究。一般来说，用户分类的维度有很多，如人口因素、地理因素、心理因素、行为因素等，用户分类的标准既要符合产品研究的目标，又要能体现出用户的差异性。例如，根据用户对产品的熟悉程度可以把用户分为新手用户、中间用户和专家用户；根据商业价值可以把用户分为主要用户、次要用户和潜在用户；根据用户与产品的关系可以分为直接用户与间接用户等。当时间和预算有限时，应将重点放在不同类型的用户调查上，这样才会得到较为全面的结果，为创新提供有力的支撑。

2. 样本选择的一般流程

用户研究的样本选择涉及确定研究目的、选定目标用户、明确选样标准及样本量和用户招募等一系列过程。

① 用户研究中的样本选择与项目的研究目的密切相关，因为只有目的明确了才可能有合适的选样标准。

② 清晰定义所要研究的目标用户，对于用户研究工作可以起到事半功倍的作用，目标用户的确定有时需要综合考虑产品给用户的价值、市场定位和商业价值等。

③ 确定样本选择的标准及样本量。这个阶段需要考量用户的各种特征，包括人口统计因素、心理因素、行为因素等，这些标准设定取决于产品的属性和项目本身的特点。

④ 样本量的选取问题。用户研究是对典型用户所进行的深入的观察与研究，因此它所选取的样本一般比较小，对同一类型的用户一般不超过十位。

⑤ 样本量还需要根据项目自身的特点来选择。

⑥ 用户招募就是根据确定的标准来寻找目标用户，并安排日程的过程。最为常见的是通过筛选文档来寻找所需的参与者。日程安排就是协调用户与研究人员的时间问题，有时需要反复调整访谈时间，以适应研究人员与用户的要求。

设计师、产品、用户并非三个孤立的个体，它们之间也是密切关联。用户研究为设计师架起了一座认识用户、理解用户、洞悉用户的桥梁，适当的研究方法和对研究流程的严谨把控会使设计创新更加准确，而样本选择方法是其中的关键一环。因此必须在用户样本选择的每一个阶段都要做到严谨，保证最终样本的有效性，为后续的产品设计创新打下坚实的基础。

三、用户研究方法的应用

（1）极致——通用性与适用性

通用性，是指某个产品的设计尽可能考虑更广泛的人群或者更多的使用场景，尽可能减少设计开发的重复和浪费，并让整个社会形成统一的基本认知，有利于推广普及。例如，我国的筷子就是典型的通用性设计案例，通过简单极致的造型和结构方式实现"夹""挑""切""插"等功能，任何菜系均可通过这个简单的工具完成。适用性，是指某个产品只针对一种功能或者某个特定场景进行设计，它的优势就是精准高效地解决问题。例如，西餐的刀叉就是适用性设计的典型代表，每个工具有针对性地解决某个问题，甚至叉子又细分为吃沙拉用的叉子和吃肉用的叉子等。

图4-5 老人手机

以老人手机（图4-5）为例，这是一款针对老年用户群体生理特征和使用习惯所设计的手机，它是用适用性设计的思维方式对老人智能手机进行全新定义的结果。首先是交互界面设计，这款产品首次采用简单的、大面积的触控界面和容易识别的九宫格菜单的交互设置，可以使用户轻松找到想要的功能。其次是产品功能定义层面，现在老人用手机最大的需求就是打电话、进行视频聊天、发语音、看天气，所以把最常用的功能显示在手机操作桌面上，将多余功能进行隐藏，以确保老人使用时的方便性。再次，考虑到该群体的特殊需求，把字体进行放大、话筒和听筒的声音设置得比普通手机高，并把电池的容量进行扩充以减少充电的频率等，增强老人在使用时的体验感。最后，由于该群体视力下降和手部指关节韧性和灵活性下降，所以在针对按键部分进行设计时，考虑到老人在手感触摸上的方便性，采用了电源按键与指纹识别集成在一起的侧边指纹解锁的功能，同时还增加了在不同环境下的人脸识别功能的解锁方式，真正为老人做到了"想我所想"的适用性。

（2）关爱——针对特定用户群和特定场景的设计

设计是为用户服务的，一切设计要以用户为核心，因此在设计过程中必须把用户的心理、生理、行为习惯、思维方式等因素考虑在设计当中，从而达到用户与产品自然的交流接受，生理、心理、功能与情感的平衡，让用户感到舒适。例如，摩根公园针对残疾儿童的游乐设施设计（图4-6），不论是"海盗岛"还是"迷你码头"都充分考虑了残疾儿童的生理特殊性，使其在游戏过程中不需要额外帮助，甚至可以坐着轮椅荡秋千。

图 4-6　残疾儿童游乐设施

（3）趣味——为平淡的生活带来一缕阳光

趣味化的设计方法并不直接解决某个特定的问题，它是基于用户本质需求的一种满足。例如，吸盘音箱（图 4-7）区别于市面上其他蓝牙音箱的特点是，其造型上不再是方块或圆柱形。这款吸盘音箱在音箱腔体外面增加了一层硅胶外衣，并且这个硅胶外衣具有吸盘功能，它可以吸在任何光滑的表面，无论是厨房还是浴室，无论是在公共区域还是在车里都可以使用，还可作为手机支架使用。

（4）美化——不是所有的问题都需要解决

以日常生活中的干粉灭火器为例（图 4-8），它总是被隐藏在最不起眼的角落，很少有用户愿意使用它，致使用户与灭火器之间产生心理隔阂。但通过对造型、色彩、使用方式上的美化设计，使灭火器与用户生活的场景紧密联系在一起，消除之前所产生的隔阂和心理障碍。

图 4-7　吸盘音箱　　　　　　　　　　　图 4-8　灭火器设计

第三节　系统整合创新用户角色的分析方法

用户角色和用户任务模型都是设计中十分重要的工具和方法，它们都能够帮助设计者加深对目标用户的了解，明确设计方向，提高设计结果的可用性。设计者们通过各种形式的用户调研，采用层次分析的方法，层层推进，直到确定得到较为具体的用户角色，并在整个设计活动过程中不断对其进行调整和修改，再根据初步得到的用户角色制定具体的用户任务模型。用户任务模型是特定的用户角色在面对设计成果时的操作过程，是在既有的用户角色的基础上得出，用户任务模型能反作用于用户角色，帮助设计者对用户角色进行修正。本节通过比较用户角色与用户模型、用户画像，对用户角色进行深入解析。

一、用户分层的概念

用户分层是用户运营中常见的一个概念，简单理解就是指将用户分为不同类型，并根据不同用户提供差异化的内容和服务。从用户活跃到盈利，不是两个简单的步骤。优秀的用户运营体系，应该是动态的演进。演进是一种金字塔层级的用户群体划分，上下层呈依赖关系。用户群体的状态会不断变化。以电商为例，用户会下载、注册、使用产品，会推荐、评价、购买及付费，也会注销、卸载和流失。从运营角度看，会引导用户（例如付费），这种引导叫作核心目标（图4-9）。

图4-9 用户使用产品的过程

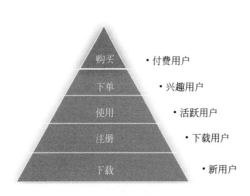

图4-10 用户群体演进

不是所有的用户都会按照设想完成步骤，各步骤会呈现漏斗状的转化。把整个环节看作用户群体的演进。如图4-10所示，就是一个典型的自下而上的演进，概括了用户群体的理想行为。目前多数产品的用户群体已经不再是一个简单的整体，需要根据不同人群针对性运营。这既叫作精细化策略，也叫作用户分层，它对运营商的最大价值，就是可以通过对用户的不同分层有针对性地运用不同的策略和方法。例如，对于新用户，期待新用户能下载产品，常用的策略是发放新用户福利；针对下载用户，期待用户能够使用产品，这需要产品设计者提供"新手引导"，让用户熟悉产品；针对活跃用户，希望加深用户使用产品的频率，运营人员需要持续地出商业内容，固化用户使用习惯，并且使用户对产品内容感兴趣；针对兴趣用户，希望用户完成付费决策，运营需要使用不同的促销和营销手段来吸引兴趣用户；针对付费用户，同样也需要提供优质的服务来满足用户的需求。产品的商业化运营，同样会受资源的限制而往往选择核心群体，即那些付费的用户群体，往往核心群体所贡献的价值也较大。

（1）层次分析法

层次分析法（AHP），是指将与决策有关的元素分解成目标、准则、方案等层次，在此基础之上进行定性和定量分析的决策方法。该方法是美国运筹学家匹茨堡大学教授萨蒂于20世纪70年代初，在为美国国防部研究"根据各个工业部门对国家福利的贡献大小而进行电力分配"课题时，应用网络系统理论和多目标综合评价方法，提出的一种层次权重决策分析方法，将一个复杂的多目标决策问题作为一个系统，把目标分解为多个目标或准则，进而分解为多指标的若干层次，通过定性指标模糊量化方法算出层次单排序（权数）和总排序，以此作为多指标、多方案优化决策的系统方法。

层次分析法是将决策问题按总目标、各层子目标、评价准则直至具体的备投方案的顺序分解为不同的层次结构，然后用求解判断矩阵特征向量的办法，求得每一层次的各元素对上一层次某元素的优先权重，最后用加权和的方法递阶归并各备投方案对总目标的最终权重，此最终权重最大者即为最优方案。层次分析法比较适合于具有分层交错评价指标的目标系统。用户在对社会、经济及管理领域的问题进行系统分析时，面临的经常是一个由相互关联、相互制约的众多因素构成的复杂系统。层次分析法则为研究这类复杂的系统提供了一种新的、简洁的、实用的决策方法。

（2）层次分析法的意义

产品的目标用户，是在设计产品之前就确定下来的。每个产品都有目标用户群体，在产品设计前需要针对性地对用户进行研究分析，以便为产品设计提供参考，用户角色的层次分析有利于设计者理解目标用户，对产品设计具有以下意义。

① 用户角色的层次分析是所有后续产品设计的基础，具有目标导向性。

② 用户角色的层次分析可以相对精确地表达目标用户的需求和期望。

③ 用户角色不是真实的人物，但是在产品设计过程中代表着真实人物。

④ 好的用户角色定义可以让每个人都满意，有效地终结产品功能的争议。

以用户为中心的产品设计强调的也是通过场景去分析用户的行为，进而产生目标导向性设计。在对用户群进行分析的时候，会将用户群按照一定的角色进行细分，有时是为了在不同的产品阶段考虑不同角色用户的需求，而更多时候则是为了找准主流用户的需求。

二、用户角色创建的步骤

用户角色的创建大致可以分为分类维度确定、数据收集、角色类型分析、角色等级评定和角色修饰五个步骤。

（1）分类维度的确定

确定分类的范围是指确定与产品或产品功能上相关角色的分类。许多用户体验研究是将用户的心理特点（如经验、人格特点、价值取向等）和人口统计学特征（如年龄、性别、种族等）作为分类范围对用户进行分类的。由于用户角色法是针对特定产品或者特定功能，其用户角色的分类一般也是根据角色的目标和行为模式而进行。所谓角色的目标，即人物需求，指的是与特定产品或者产品功能相关的用户的具体需求内容。这些内容可以通过如问卷法、访谈法、焦点小组法等定性研究获得。行为模式指的是与特定产品或者产品功能相关的用户所有的行为或行为倾向。相比人物需求，行为模式更多的是外显行为。其中，行为频次可以通过定量研究（观察法、绩效测试法等）收集相关信息，而行为倾向则可以通过定性研究（学习日记法、访谈法等）收集相关信息。

（2）数据的收集

数据收集是指运用心理学研究方法，对用户进行研究，收集用户目标与行为模式的数据。数据的收集需要考虑数据来源与数据类型两个因素。数据来源包括样本容量、取样人群与收集方式；数据类型包括定性数据、定量数据和经由定量数据转换而成的定性数据。

因此，研究者在收集数据的过程中不仅要考虑用户的目标是什么，还需要考虑用户的实际行为是什么。例如，可以通过问卷法、访谈法等去了解用户的目标与需求，同时通过学习日记、观察等方法记录用户在实际操作过程中更关注哪些方面。当用户需求与用户实际行为不一致的时候，需要在考虑需求的基础上，更多地关注用户的实际行为。

（3）角色类型的分析

角色类型分析是指从大量数据中，根据特征之间的相关等级或相似程度，对用户进行分类，最终得到每一类用户所包含的典型特征。目前，分析角色常用的方法有德尔菲法、一般统计方法与聚类分析。其中，德尔菲法（也叫专家意见法）采用匿名的通信方式征询专家小组意见，经过几轮征询，使专家小组的预测意见趋于集中，最终得出统一结论。一般统计方法通过描述数据的集中趋势、离散趋势和相关关系来确定行为与角色之间关系的紧密程度，从而确定角色特征。聚类分析，也叫集群分析，是一种多变量分析程序，在分析角色类型时，聚类分析通过计算不同角色之间的目标或行为的相似程度及其差异程度，将角色进行分类。

数据统计方法的选择与数据量大小、研究成本有关。德尔菲法成本比较低，能够在短时间内根据专家经验得到用户分类结果，对数据的依赖比较小，但其主观性较强。一般统计方法有一定的数据支持，适用于数据量较小的情况。聚类分析属于高级统计方法，适合在数据量充足、数据关系复杂的情况下使用。

（4）角色等级的评定

角色等级评定是根据产品或产品功能特征来评定不同角色的重要等级。如表4-1所示，这种评定通常在一个角色等级评定表上进行。一般针对某产品或产品功能会得到3～12个角色类型。在表中，可以根据角色类型特征与产品特征的相符程度打分（打分原则可根据实际需求改变，例如2分表示非常符合，1分表示比较符合，0分表示无关特征，−1 分表示比较不符合，−2 分表示非常不符合）。

表 4-1　角色等级评定

项目	角色类型 1	角色类型 2	角色类型 3	……
产品特征 1				
产品特征 2				
产品特征 3				
……				
总计				

根据角色表中每一类角色所获的得分可以得到总分值，根据总分值可以将用户角色分为以下几类。

① 首要人物。针对产品或产品某功能的角色，它具有使用该产品或产品功能的典型用户的特征。在产品开发、设计和评估的过程中，首先要考虑首要人物的需求与行为模式。

② 次要人物。低于首要人物的角色，包含首要人物的一部分需求或特征。产品开发、设计和评估过程中，在和首要人物不冲突的情况下，需要重点考虑的用户角色。

③ 不重要人物。具有不需要着重考虑特征的角色。在实际使用的过程中，对不重要人物的分类可以避免一些精力与经费的浪费。

④ 反面人物。具有与某产品或产品功能相反特征的角色。反面人物可以帮助发现产品的不足，主要用于改进产品或产品功能。

（5）角色的修饰

角色修饰指的是给角色等级评定表中某类角色增加一些修饰性的信息，使其看起来是一个独立的真实的个体。这些修饰的信息可以是角色的姓名、性别、种族、联系电话、电子邮箱等，有时还可以给角色附一张生活照。角色修饰可以使角色形象更加丰满。

用户角色分为定性人物角色、经定量检验的定性人物角色、定量人物角色。定性研究更侧重于研究用户的态度和原因，定量研究侧重于研究用户的行为。用户角色是"目标用户"，这是一个"虚拟的用户"。这个"虚拟用户"来源于真实的用户，是在对真实用户不断了解的基础上通过聚类分析得到一个或几个目标用户，即定性研究—用户细分（用户分类）—创建人物角色。

三、用户角色分析的方法

1. 通用的用户分层模型

（1）RFM（Recency，Frequency，Monetary）模型

RFM 模型（图 4-11）是用户管理中的经典方法，它用以衡量消费用户的价值和创

利能力，是一个典型的分群。它依托收费的三个核心指标：消费金额（Monetary）、消费频率（Frequency）和最近一次消费时间（Recency），来构建消费模型。

价值级别	最近一次消费时间R	消费频率F	消费金额M
重要价值用户	近	高	高
重要发展用户	近	低	高
重要保持用户	远	高	高
重要挽留用户	远	低	高
一般价值用户	近	高	低
一般发展用户	近	低	低
一般保持用户	远	高	低
无价值用户	远	低	低

图 4-11　RFM 模型

消费金额 M，消费金额是营销的黄金指标，该指标直接反映用户对企业利润的贡献。消费频率 F，消费频率是用户在限定的时间内购买的次数，最常购买的用户，忠诚度越高。最近一次消费时间 R，衡量用户的流失，消费时间越接近当前的用户，越容易维系与其的关系。

RFM 模型按照用户价值状况进行划分，如果将每项指标分两个级别，进行组合可以分为八种基础的用户类型，每项指标里的价值维度可以继续细分。例如，最近一次消费时间可以从笼统的远 / 近细化到一周内、一月内、半年内等，消费频率可以按照不同时间段内的复购次数拆分，消费金额也可以按具体额度范围继续拆分，如此再进行组合，将可以得到更加细致的分层，那么就可以针对不同价值级别的用户调整资源倾斜力度、运营策略等。

如图 4-12 所示，坐标系上，三个坐标轴的两端代表消费水平从低到高，用户会根据其消费水平落到坐标系内。当有足够多的用户数据，可以划分大约八个用户群体。比如，用户在消费金额、消费频率、最近一次消费时间中都表现优秀，那么该用户就是重要价值用户。如果重要价值用户最近一次消费时间距今比较久远，则该用户就变成重要挽留用户。

（2）AIPL（Awareness，Interest，Purchase，Loyalty）模型

如图 4-13 所示，认知（Awareness），针对全新用户；兴趣（Interest），针对有过相关浏览、加购、关注等行为的用户；购买（Purchase），针对有过下单行为的用户；忠诚（Loyalty），针对有过较高复购行为的用户。

这个模型对应的也是用户的成长路径，每个用户都是从认知开始，引导用户不断往更上一层发展，慢慢变成"购买"或者"忠诚"。设计者可以根据不同阶段的用户诉求，设计更合理的内容。例如，针对认知型用户，可以进行种草推荐，激发用户的兴趣；针

对兴趣型用户，需要了解用户未行动的原因，解决转化阻碍；针对购买型用户，需要唤醒用户需求；针对忠诚型用户，可以进行更多体验细节的优化。

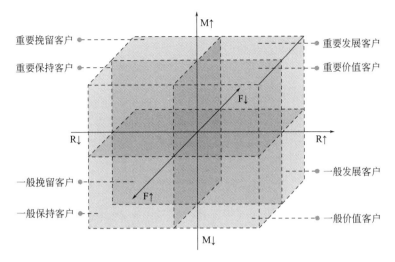

图 4-12　RFM 数据坐标系立方体

（3）AARRR（Acquisition，Activation，Retention，Revenue，Refer）模型

获客（Acquisition），引入流量；激活（Activation），刺激用户参与；留存（Retention），减少用户流失；变现

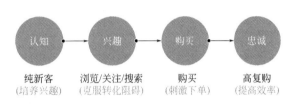

图 4-13　AIPL 模型流程

（Revenue），提升下单转化；传播（Refer），促进分享和复购。AARRR 模型（图 4-14）来自增长的思路，一般来说对应的是整个产品的用户生命周期，但也可以作为某一次活动的转化模型来使用。例如，在常见的大促活动中，它对应的就是发现 > 浏览 > 加购 > 下单 > 复购，各个环节也会对应具体的数据指标，需要做的就是找到各个环节增长的机会点，进行体验上的优化。

2. 人群标签分层方法

上述的几种模型是从用户购物数据层面进行划分的，模型确立后，用户的层级是相对固定的，主要存在一些占比和优先上的变化，只要掌握了模型就可以快速套用。但是在很多场景下，有更加个性化的诉求，这种绝对理性的划分方式并不适合，可以按照人群属性以聚类的方式来分层，包括基础属性（性别、年龄、地域等）和购物属性（品类偏好、消费金额、消费动机等）。

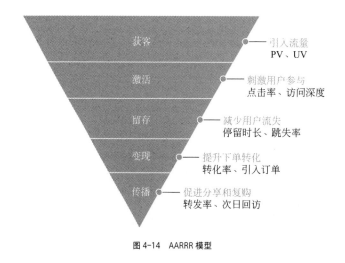

图 4-14　AARRR 模型

根据基础属性标签与购物属性标签将用户进行分类（图 4-15），在这种方式下能够划分的用户类型会更加具象化，相当于给每类用户一个专属的身份标签，如品质男神、时尚女神等，根据用户的具体需求进行个性化的内容设计。至于人群标签划分的颗粒度要细到什么程度，则依据不同业务需要来定。

3. 定向分层方法

以上的一些分层方式，都是分类相对比较全面的，比较适用于用户量大的综合类项目，在一些小项目或有特殊需求项目中，也可以根据目标和问题进行定向分层（图4-16）。

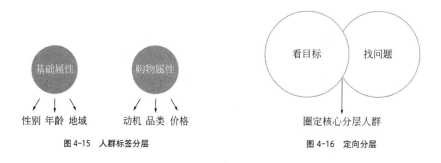

图 4-15　人群标签分层　　　　图 4-16　定向分层

第一，可以根据业务目标来制定分层的方式，如活动目标是拉新，那么可以把用户划分为老用户和新用户，新用户可以按照来源渠道进一步分层；如果业务目标是进行市场下沉，则可以分层为一二线用户和下沉市场用户，下沉市场用户也可以进一步细分，这样的分层方式可以更加直接地聚焦到核心目标人群。第二，可以根据需要解决的重点问题进行分析，再有针对性地提炼分层维度，如某个活动的跳失率很高，那么可以去分析用户跳失率高的原因及补救措施。

4. 用户分层设计策略

（1）根据不同用户提供精准的内容

以网页内容的规划与运营为例，精准的内容是实现精细化运营最核心也是最基础的要求。常规的活动会场，页面的内容是千篇一律的，所有人看到的都是相同的商品、品牌、优惠券。用户分层的设计思路，是根据分层用户特征来推导设计目标，进而制定具体方案策略，从内容上进行精准命中。以酒水品类活动为例，按照 4A 模型将用户分为路人型（认知）、意向型（兴趣）、小酌型（购买）、酒鬼型（忠诚），将进行内容层的匹配。

（2）不同用户规划差异化的浏览动线

不同用户的内容诉求不同，那么页面的组织结构自然也不同，基于前面的设计目标和方案策略，对页面的内容优先级、楼层顺序进行梳理，以匹配不同用户的浏览习惯、最大化地提升他们的浏览效率。例如，酒水活动中以"酒鬼型"和"路人型"为例，进行图表式内容分析，根据具体的条目对比，可以清晰看到两种用户在内容上的差异。

（3）不同用户设计个性化的模块样式

在内容和框架确定后，最后就是具体模块的设计，这是容易被忽略掉的细节。很多时候都是做到框架的分层，原子模块基本复用，但是更加友好的用户分层，是在模块的形式、信息结构上都可以追求更加极致的个性化，甚至颜色、图片风格等都可能对用户最后的决策造成不同程度的影响。例如，酒水活动，同样是单品模块，也可以进行更加个性化的设计（图 4-17）。

图 4-17　个性化用户设计的模块

四、用户角色分析的应用

以 QQ 音乐软件为例，首先，在对 QQ 音乐进行用户调研过程中，一是对用户群体的性别比例、年龄分布、地域分布、用户使用场景进行调研；二是针对在线音乐用户群体画像分析，在线音乐用户听音乐的场景分析，用户在一天不同时间段内使用在线音乐 APP 的时间分布。

其次，通过以上对用户基本信息和特征的分析，对 QQ 音乐的主要用户进行分类：学生群体，学习和运动占据其主要时间，喜欢新鲜事物，易受同龄人喜好影响；年轻职场白领群体，工作和交通出行占据其主要时间，生活节奏快，压力较大；中年职场白领群体，工作和交通出行占据其主要时间，工作压力相对年轻职场白领群体较小，具备较强的消费能力，追求生活品质。

再次，在用户分层的基础上归纳总结用户使用 QQ 音乐软件的各种不同的需求：核心需求，包括发现音乐、消费音乐、管理音乐等；个性化需求，通过个性化设置满足用户使用音乐 APP 而得到的差异化待遇；音乐社交需求，通过使用 APP 发展以音乐为主的兴趣交友互动；反馈需求，主要表现为在使用产品时遇到问题向产品方申请并获得及时帮助；娱乐化需求，即除了听歌外，用户在产品平台上进行与音乐相关的娱乐活动。

最后，根据前期的市场调研，可以将 QQ 音乐（表 4-2）的用户角色划分为普通用户、主流用户、核心用户，不同的用户对应不同的用户需求。

表 4-2 QQ 音乐用户角色划分

用户分层	用户需求
普通用户	具有打听消息、获取信息的本能，即使这类用户对音乐的热爱程度不高，但仍然具有"八卦"的本能，对音乐周边的信息也有着好奇心
主流用户（比较感兴趣）	除了对音乐圈的基本信息有了解需求之外，对细分的音乐领域也有深入了解的需求
核心用户（专业人士）	相比主流用户，他们除了热爱音乐之外，同时也具有内容生产能力，这类用户除了对粉丝量、作品阅读量（满足自身成就感）有需求外，对收益部分也有需求

第四节 系统整合创新用户研究的流程与方法

一、用户研究的流程

① 前期用户调查。方法：访谈法（用户访谈、深度访谈），背景资料问卷。目标：

目标用户定义、设计客体特征的背景知识积累。

② 情景实验。方法：问卷访谈、观察法（典型任务操作）、有声思维、现场研究、验后回顾。目标：用户细分、用户特征描述、定性研究、问卷设计基础。

③ 问卷调查。方法：单层问卷、多层问卷，纸质问卷、网页问卷，验前问卷、验后问卷，开放型问卷、封闭型问卷。目标：获得量化数据，支持定性和定量分析。

④ 数据分析。方法：常见梳理统计分析方法有单因素方差分析、描述性统计、聚类分析、相关分析等，其他方法有主观经验测量（常见于可用性测试的分析）、动作分析系统操作任务分析仪、眼动绩效分析仪。目标：为用户模型建立依据、提出设计简易和解决方法的依据。

⑤ 建立用户模型。方法：任务模型、思维模型（知觉、认知特性）。目标：分析结果整合，指导可用性测试和界面方案设计。

二、用户研究的方法

丹麦用户研究专家雅各布·尼尔森，提出了用户研究的三个维度：态度与行为维度、定性与定量维度、网站或产品的使用背景维度（指在研究中是否使用产品或如何使用产品），此处基于这三个维度建立坐标系，就其用户研究中的常用方法进行阐述。

1. 案头研究

案头研究，属于市场研究领域的概念，在用户研究中也经常用到。它是对已经存在并已经为某种目的而收集起来的信息进行的调研活动，也就是对二手资料进行收集、筛选，并判断它们的问题是否已局部或全部解决，最后以案头报告的形式呈现。案头研究的资料获取渠道相对来说比较多，包括免费查询的公开调查、政府统计报告、学术文献、购买数据库及市场分析报告等，其涉及范围比较广，但是针对性较差。

2. 问卷调查

问卷调查是一种收集事实材料的方法，以书面形式向"被问人"提出问题，并要求"被问人"也以书面形式回答问题。问卷调查可以使研究人员对目标群体有一个总体了解，为后续的观察和访谈提供背景资料支持，有助于观察的针对性和访谈提纲的撰写。问卷调查的传递方式比较多（例如，个别发送法、集中填答法、当面访问法、电话访问法、网络访问法），速度比较快，可以在较短时间得到大量的数据资料。由于问卷的问题和答案都进行了标准化的设计，所得到的资料也能便于定量分析。问卷调查的问题通常为封闭式的问题，适合用户的信息收集，但不够深入，一般只能获得某些明确问题的答案。所有数据是来自用户自己的陈述，而不是完全的实际行为，用户很多时候不能充分表达自己的意见，用户所回答的答案不一定完全就是他们的真正所想，所以问卷调查主要用于定量研究。

3. 用户观察

用户观察是有目的、有计划地通过对"被试者"的言语和行为进行观察、记录和判断用户心理需求的研究方法。用户观察是获得感性材料的基本方法，它既可以帮助用户研究人员观察到用户的真实行为和典型的目标，也可以帮助他们了解用户的观点和行为之间的关系。用户观察可以在实验室条件下，通过用户的行为，观察和分析他们使用产品的情景，提取用户的行为特征。用户观察按被观察对象是否处于受控制状态分为有控观察和无控观察。有控观察是指对被控制对象所进行的观察。有控观察的优点是能按照研究人员的意愿控制某些条件，以观察被控对象所发生的变化，这种观察有利于发现事物变化的因果关系，但是在人为限制下，被观察者的行为和活动容易受到干扰，所获得的事实材料会受到影响。无控观察即自然观察，是指对处于不受人为影响的自然状态下的对象进行的观察。在无控观察中，被观察者并不会意识到自己正在被人观察，其行为和活动不受约束，因而容易得到真实可靠的事实材料。例如，在家居设计的用户研究中，用户研究人员需要了解用户真实的主观感受，因此无控观察的应用更为普遍。

4. 用户访谈

访谈法是用户研究人员通过与受访人进行有目的的口头交谈来收集事实材料的方法，在了解人的观点、意见、态度、动机等心态时，可以通过用户访谈得到比较真切的材料。用户访谈通常采用访谈者与被访者一对一聊天的形式，一次用户访谈的样本通常比较少，一般是几个到几十个，但在每个用户身上花的时间比较多，通常为几十分钟到几个小时（有时需要进行深度访谈），围绕着几个特定的话题。用户访谈是一种典型的定性研究，它可以通过较少的投入就能获得用户对于产品的看法，不论是在新产品开发期的产品方向讨论，还是在定量的数据分析发现现象之后探索原因，用户访谈都可以发挥它的作用。在用户访谈之前，用户研究人员需要设计一份合理的访谈提纲，在用户访谈之后，用户研究人员也要给出一份用户访谈报告。

5. 焦点小组

焦点小组是指参与者被限定在一个小的范围内，被问及对于某个产品、服务、概念、品牌或者广告的反应。焦点小组是一种特殊形式的用户访谈，可以在短时间集中获取大量可靠的分析资料，是一种经济且有效率的用户研究方法。作为一种典型的定性研究方法，焦点小组的优势与劣势同时存在。在产品的开发期，焦点小组帮助识别和区分产品特点的优先次序及了解目标用户的需求，从而了解到用户为什么看重产品的某些特征，能够帮助决定什么该重点研发，以及产品特征的次序。同时，焦点小组可以充当头脑风暴，参与者可以通过讨论产生更多的设计思路。焦点小组可以揭示竞争对手的产品中最有价值的地方和不足的地方，对于自身产品的开发也是很好的参考依据，这一点在产品开发期非常重要。然而，焦点小组是一个探索性的过程，有利于深入理解用户的动机和思维过程，但它的结果不能代表大多数人群，也不适用于需要证明某一论点的情况。在人员安排上，除了被试用户，还需要有一名主持人和一名观察员。最后，焦点小组结束后需要整合讨论意见得出焦点小组的分析报告。除了物理性质的焦点小组，互联网的发展也使得网络焦点小组成为焦点小组的一种新形式。网络焦点小组没有地域限制，在一定程度上可以节省用户研究的预算（图4-18）。

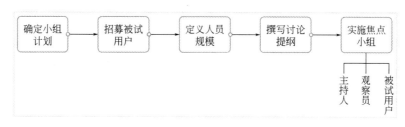

图 4-18　焦点小组实验流程

6. 可用性测试

可用性测试是让用户在一定场景下使用产品，通过观察、记录和测量来评估产品的可用性的方法（图4-19）。其目的是发现用户在使用产品时的需求、偏好、痛点，为进一步设计提供思路，节约开发成本。根据定义，可用性是指在特定环境下，产品为特定用户用于特定目的时所具有的有效性、效率和主观满意度。有效性是用户完成特定任务和达成特定目标时所具有的正确和完整程度。效率是用户完成任务的正确度与所用资源（如时间）之间的比率。主观满意度是用户在使用产品过程中所感受到的主观满意和接受程度。例如在家具设计中，这三个参考指标可以这样理解：有效性指的是家具产品的功能是否完整，效率指的是家具产品是否方便易用，主观满意度即被试者对该产品的接受程度。可用性测试属于典型的定性研究。按照参与可用性测试的人员划分，可以分为专家评估和用户评估，在实际工作中要根据实施情况来对参与测试的人员进行选择。

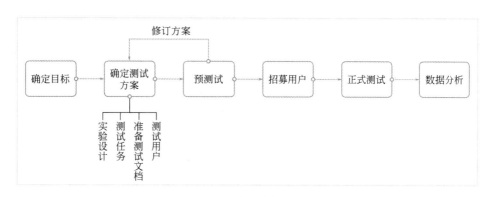

图 4-19　可用性测试的一般流程

7. 角色法

角色是能代表大多数用户的原型用户。通过角色，设计师能站在用户的角度思考问题，把注意力集中在用户需求的用户目标上，这样能降低设计师依靠直觉、凭空想象来设计产品的风险。角色法在用户研究中通常包含了三个阶段（图4-20）：角色建立、角色描述和角色使用。角色通常是虚拟的，但是从真实的用户中提炼出来的形象。通过建立用户角色和用户心情广告牌，设计师便对用户有了一个形象的把握，以便进行深入的设计工作。在用户研究中，角色设计的结果往往揭示了用户行为的趋势，指出这种产品的成绩和不足，最后角色设计为一个完整的故事，这个故事则是最终产品的预想体验。

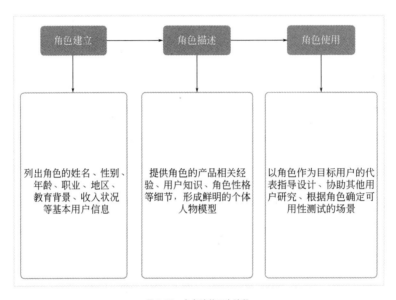

图4-20 角色法的三个阶段

8. 情境法

情境法是一种技术手段，通常在开发过程的早期阶段，通过使用情境来具体描述未来系统的使用情况。在设定的某个情境下，思考产品如何在情境中使用，如何发挥作用，这样可以避免设计师在构思产品的时候脱离实际。同时，可以根据设定的情境招募用户进行可用性测试，也有利于用户对产品进行评价和发现问题。情境法的使用可以分为三个阶段（图4-21）：情境建立、情境描述、情境使用。情境建立是初始阶段，需要得到情境中的建筑环境、使用环境、任务环境等基本信息；情境描述就是对情境的细化，需要描述用户使用产品的目标和可能进行的操作；细化情境之后就可以全面运用，例如制作情境拼图、设计可用性测试的环境和任务、组织用户访谈等。

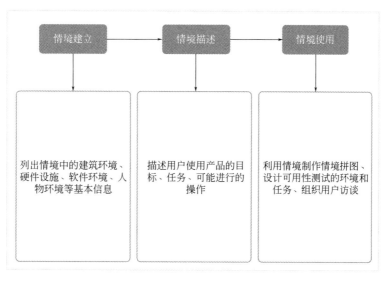

图 4-21 情境法的三个阶段

9. 参与式设计

参与式设计（图 4-22）是 1960 年兴起于北欧国家的一种设计理念，在工业设计领域，这一理念逐渐被接受并应用于城市设计、景观设计、建筑设计、软件开发、产品开发等领域。参与式设计让用户与设计师、研究人员、开发者合作，表达对产品的期望和需求，并且不同程度地参与到产品的设计和决策过程中，与设计、研究人员共同完成产品设计，倡导将用户更深入地融入设计过程中，培养用户的主人翁意识，激发并调动他们的积极性和主动性。作为一种重要的研究方法，参与式设计不仅转变了设计师的意识和工作方式，还为用户研究人员提供了更广阔的观察视角和研究手段。它不仅关乎产品功能本身，同时关乎用户的使用体验。在参与式设计中，设计师需要和用户合作共同来构筑情景和讨论设计，用户研究人员也需要参与其中。参与式设计类似于焦点小组的组织形式，将符合条件的用户邀请到实验室。主持人介绍设计目的、阐释产品的基本目标、询问用户相关的行为习惯、发放素材并引导用户设计。用户将自己设计的原型和主要功能介绍呈现于纸上，并轮流阐述自己的设计思路。用户研究人员可以采用图片、故事、表演、游戏和原型等方法来激发参与者表达需求，并获取反馈和建议。这些方法可以使参与式设计的过程变得富有趣味性，目的是使参与者乐于参与设计，为参与者提供较好的设计氛围。

图 4-22 参与式设计的一般流程

三、用户角色的构建

1.基本构建流程

用户角色的基本流程的构建，首先，基于课题的主题题意进行定性的研究，如用户访谈、用户跟踪、观察法、电话访问等方式；其次，根据前面阶段的定性内容，进行用户群的细分活动，如年龄层的划分、职业的划分、偏好的划分、城市的划分等；再次，根据前面的用户群体的细分条目，再结合典型用户群体的特征找出代表性的用户特点等要素；最后，根据以上的三个阶段，为每一个细分的群体创建典型人物的角色定位，即构建角色的类型，如图4-23所示。

图4-23 用户角色基本构建流程

2.角色构建类型

（1）从最传统方法入手的定性人物角色

从最传统的方法入手。许多企业创建人物角色时都会遵从以下步骤。

第一步，进行定性研究。用户访谈是最常用的定性研究形式，因为一对一地与10～20个用户谈话，对大多数公司而言比较容易。一些企业用现场调查来代替用户访谈，而选择的地点则是用户最熟悉的环境（办公室或家中），这样当用户研究者询问与目标和观点有关的问题的时候，可以同时观察用户的行为。另外，也可以在进行可用性测试的时候来观察用户。

第二步，在定性研究的基础上细分用户群。用户细分技术都是从选取大量的数据开始，然后根据每个群体中描述的用户的共同点来创建用户群组。对人物角色而言，细分用户的目标就是找出一些模式，把相似的人群归集到某个用户类型中去。这种细分群体的基础通常是他们的目标、观点和（或）行为。对于定性人物角色，用户细分是一个与性质有关的过程。

第三步，为每一个细分群体创建一个人物角色。当为用户的目标、行为和观点加入更多细节后，每个类型的用户群就会发展成一个人物角色。而当再赋予人物角色名字、照片、场景及更多资料以后，每个人物角色就会变得栩栩如生。

定性人物角色适用情景（图4-24）：第一，企业无法投入更多时间和金钱在人物角色上；第二，对构建的人物角色保持信任，而不需要了解量化的数据；第三，在使用人物角色方面的风险不高，所以没有量化的证据也可以进行。

（2）经定量验证的定性人物角色

经定量验证的定性人物角色的方法可以使人物角色具有更加量化的客观成分，主要步骤如下。第一步，进行定性研究。与第一种方法相同，从进行定性研究开始，去揭示用户的目标、行为和与观点有关的直观感受。第二步，在定性研究的基础上细分用户群。用同样的定性细分方法来做，最终得到基于特定用户的目标、行为和（或）观点的一定数量的细分用户群。第三步，通过定量研究来验证用户细分。通过一次调查问卷或其他形式的定量研究方式，用更大数量的样本来验证细分用户模型，以进一步保证它所反映的事实的准确程度。这件事的目的是核实这些被细分的用户群确实是各不相同的，并且能得到一些证据，来证明所创建的人物角色的科学性。第四步，为每一个细分群体创建一个人物角色。当进行了定量研究来创建更接近真实情况的人物角色之后，就能更加确信决策已经具有统计学意义。人物角色不再是简单的虚构作品，而是拥有证据支持的研究结果的混合体，减少了犯错误的概率。用这个方法，为人物角色增加了一些科学依据，减少了艺术创作的成分。虽然这些细分用户群的来源仍然是定性研究，但是用定量的方法获得了支持决策的证据。

经定量验证的定性人物角色适用情景（图4-25）：第一，能投入较多的时间和金钱；第二，需要看到量化的数据才能相信和使用人物角色；第三，确定定性细分模型是正确的。

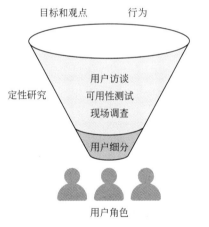

图4-24　定性人物角色构建方法

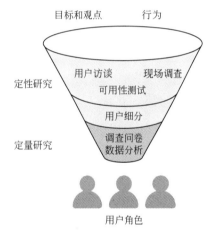

图4-25　经定量验证的定性人物角色构建方法

（3）定量人物角色

定量人物角色方法是最适合于创建人物角色的方法。为了找到对创建人物角色最有用的用户细分模型，将使用统计分析的方法一次性地测试多个模型，而不是测试关于某个细分模型的定性假说。主要包括以下基本步骤。

第一步，进行定性研究。再一次定性揭示对用户的目标、行为和观点的直观感受。

第二步，形成关于细分选项的假说。与立刻决定最终的细分模型不同的是，用定性研究来得到各种有可能用于细分用户的方式。这样做的目的是得到一个用于定量分析的、具有多个细分选项的列表。

第三步，通过定量研究收集细分选项的数据。对于每个可能的候选细分选项，需要在调查问卷中提出某些特定的问题，或需要用网站流量统计结果来回答某些特定的问题。比如，用户的上网经历有可能成为细分的一种方式，那么在调查问卷中就应该有一个问题是关于用户使用网站的经验和频率的。这种方法中的定量研究不是试着去证实什么，而是为下一个步骤收集更多的数据。

第四步，基于统计聚类分析来细分用户。在这种方法中，统计算法在帮助得到细分模型上扮演了一个更加活跃的角色，而不只是证实已有的假设。这个过程，简单地说，就是把一组变量放进机器里，它会自行寻找基于一些共同特性而自然发生的一组聚类数据。它会试着用不同的方式来细分用户，并且执行一个迭代的过程，寻找一个在数学意义上可描述的共同性和差异性的细分模型。最终可能获得的是数量不确定的聚类类别和属性，来作为这些数据之间的关键差异。这是一个有点复杂的迭代过程，同时很大程度上仍然受执行方式的影响。但它与其他方法有了本质上的不同，因为这种细分方式是由人为和数据两方面来共同推动的。

第五步，为每一个细分群体创建一个人物角色。当这些聚类分析产生出细分群体后，通过与之前相同的程序提取数据，并使其逼真可信，加入人物角色的姓名、照片和故事，将这些电子表格变成真实可信的人物。

当企业越来越多地依靠人物角色来决定整个战略决策和市场计划时，定量人物角色会因为更科学、更严谨而变得更普遍。在众多的企业中，由于引入定量方法而增加了人物角色的客观性，这使得人物角色的创建过程与数据驱动的决策可以更加紧密地结合起来。定量人物角色的使用频率也将提高，因为随着研究技术的持续发展，企业能得到的与用户有关的变量数目只会越来越多。在一次性处理许多变量方面，机器比人类做得更好。

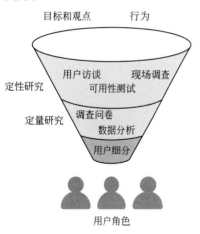

图 4-26　定量人物角色构建方法

定量人物角色适用情景（图4-26）：第一，企业愿意投入时间和金钱；第二，需要量化的数据才能相信和使用人物角色；第三，希望通过探测多个细分模型来找到最合适的那个；第四，认为人物角色将由多个变量来确定，但是不确定哪个是最重要的。

目前设计学科的发展趋势之一是科学化、理性化，这要求设计师要用更加客观实际的观点进行设计。在整个产品设计流程中，用户角色和用户任务模型可以理解为进行用户研究和产品使用流程设计的重要方法和工具，它们帮助设计师用更加科学化、数量化的形式进行设计活动，提高设计结果的可行性，使其最大限度地满足设计项目的初始目标。

用户角色能够帮助设计师找准设计方向。如今创建用户角色的方法有很多，无论是用户访谈、问卷调研、大数据分析等，不同的设计项目所侧重的方法也各有不同。本节在阐述用户角色时，也提到了与之相近的用户模型、用户画像等概念，并对其三者进行了浅显的解释分析。在查阅相关资料的过程中，发现国内鲜少有关于这三者的对比分析。这表明我国对于设计方法论方面的研究尚有不足，设计专业者在具备动手操作能力的基础上，也需要具备相关的理论知识。

四、相关课题分析

1.手持电动工具的使用过程

以手持电钻的使用过程为例，整个过程可以分为：准备安装（图4-27）、检查测试（图4-28）、操作使用（图4-29）、整理收藏（图4-30）。

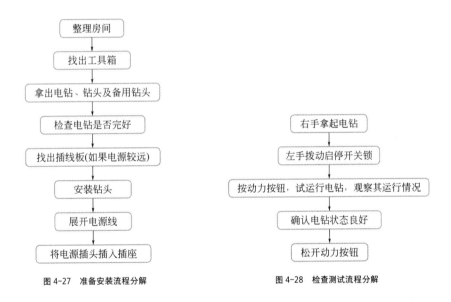

图4-27　准备安装流程分解　　　　　图4-28　检查测试流程分解

2.运用任务分析法分析手持电动工具用户任务模型

（1）简化手持电动工具任务模型

对上述任务模型进行分析，在任务模型左侧画一条分界线，分界线是为区分任务模型和用户需求。在分界线的左侧，对应于分界线右侧的任务模型分析用户需求，并对用户需求加标序号，以免在进行分析过程时产生重复的用户需求。如图4-31所示，是准备安装流程任务模型分析。

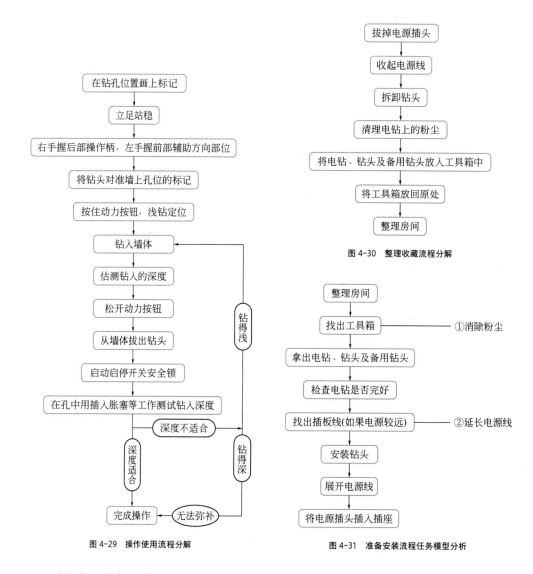

图 4-29　操作使用流程分解

图 4-30　整理收藏流程分解

图 4-31　准备安装流程任务模型分析

　　无法满足用户需求的步骤是无效步骤，可以通过增加或改善产品功能来进一步改善工作的流程。例如，非蓄电型手持电动工具在使用前的准备工作，都要连接电源，而工具本身的电源线的长度往往是不够的，要借助插座一类的延长性辅助连接工具，就在任务模型执行处记下产生的问题，在收集需求时会设法整合解决的办法。手持电动工具都有专门的工具箱，用于存放工具和工具附件，就可以将工具箱的一部分设计成专供工具使用的电源延长插座。在打开工具箱拿出电动工具时，就自然地将工具电源线上的插头插入工具箱上的专用插座上，也就满足了用户需求——延长电源线，如图 4-32 所示，是操作使用流程任务模型分析。

　　分析准备安装流程的任务模型，用户需求消除粉尘。现在许多手持电动工具上都带有集尘装置，如 GAH500DSR 四坑锤钻等。集尘装置可以收集工具磨损件而产生的碎屑和切削工作对象产生的粉尘，大大降低了工作过程对周围环境的影响，也减少了粉尘等对人体的危害，特别是石棉等可致癌物质。

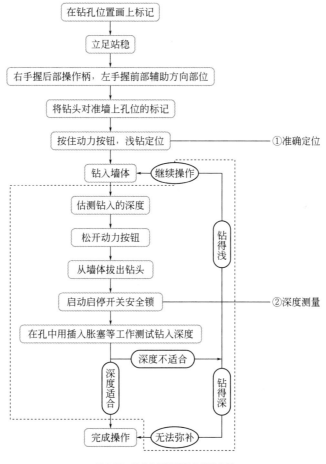

图4-32 操作使用流程任务模型分析

分析操作使用流程的任务模型，用户需求为准确定位，由于电钻启动时钻头在瞬间由静止达到高速旋转，钻头容易在墙体表面滑移，难以定位。针对此用户需求，现在的许多电钻类产品采用低速启动，无挡调节。无挡调节，即用户在启、停开关上的施力大小可以改变电钻的转速。施力小，转速低，启钻缓稳，容易控制，满足了准确定位的用户需求。

由于环境、工作状态、作业精度要求的不同，一些电动工具应该具有一定的辅助部件，如电钻的深度测量仪、曲线锯的气泡水平仪或激光水平仪等。特别是冲击式电钻在工作时，噪声大，空气中有粉尘，用户戴有保护镜，身体承受工具施加给人体的反作用力，在这种情况下，用户对于在墙体等工作对象上所钻入的深度很难有较为准确的估计。因此，对于类似的电动工具，应当配有辅助评价的部件或是部件的外接口。

传统的电钻上没有可以辅助用户判断钻头钻入深度的装置，目前市面上的一些品牌，如BOSCH、DeWalt等，采用的是机械式的深度尺，即在工具的左侧（由于大多数用户为惯用右手型），可以辅助显示钻头钻入工作对象的深度，用户就可以更为直观、准确地观察到并加以控制，而不是一遍一遍地测试深度。在整理收藏流程的任务模型中，消除粉尘和延长电源线的用户需求再次被重复，如图4-33所示，是整理收藏流程任务模型分析。

这是由于整理收藏是一个可以被视作准备安装的逆流程，所以出现用户需求重复的现象。有时一个用户需求是由于其他的用户需求产生的。例如，前面提到的集尘装置的设计，一些工具上设计有集尘袋或集尘盒，它满足了用户消除粉尘的需求，但是在工具使用一段时间后，集尘袋和集尘盒都装满了碎屑和粉尘，这又产生了新的用户需求——方便地清理集尘袋和集尘盒。这就要求产品在设计的时候考虑到方便集尘袋和集尘盒的安装、拆卸及清理，甚至一些设计者针对这样的用户需求设计了一次性的集尘袋。

如果延长电源线的用户需求在准备安装流程的任务模型中得到了解决，那么在整理收藏流程的任务模型中需要考虑的是它可以更容易地被收集，如可以采用手动的摇把式转动轴，也可以使用带有蜗式弹簧来实现半自动的收集方式。下面是移除了无效步骤后简化的各流程任务模型：简化后准备安装流程分解（图4-34）、简化后定位流程分解（图4-35）、简化后回收过程分解（图4-36）。

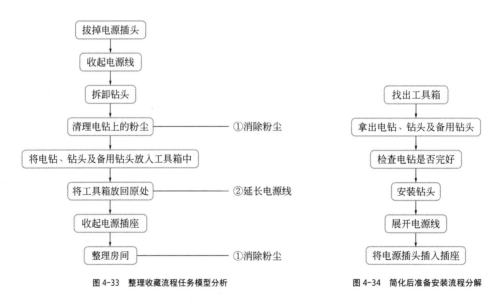

图4-33　整理收藏流程任务模型分析　　　　　　　　图4-34　简化后准备安装流程分解

（2）标定手持任务模型中困难环节

在简化后的各任务模型中标定困难环节，所谓困难环节就是用户出错概率较大的步骤。在操作使用流程的任务模型中，简化前和简化后都有"立足站稳"。分析此步骤的原因：一方面，用户要以一种容易施力的姿势进行作业；另一方面，良好舒适的姿势更有助于用户把握控制电钻钻入的水平度和垂直度。可以看出，这一步骤直接影响用户作业时的工作质量，容易使用户产生生理上的疲劳，且无法根本解决用户在控制钻入的水平度和垂直度的出错问题，再进行"钻入墙体"步骤就更是困难环节。

图 4-35　简化后定位流程分解　　　　　　　　图 4-36　简化后回收流程分解

因此，运用任务分析法分析手持电动工具的用户任务模型，将为此类产品设计在设计流程、设计方法等理论创新上起到一定的借鉴作用。

倡导"以用户为中心的设计"，不只是以机器功能为出发点，而是从用户的操作行为出发，需要分析用户的个体特征、行为习惯及具体的操作环境等因素。因此，如何在系统化的设计中，如何有序而完整地运用和体现这些设计要素就显得十分重要。特别是随着用户、软硬件平台和环境等方面的系列性发展趋势，逐渐呈现出产品整合创新的多样性特点，因此，产品的系统性的开发面临着新的整合创新发展的问题。比如，如何为具有不同知识、技能和使用偏好的用户开发满足他们特定需求的界面；如何为具有不同物理属性的设备开发同样方便使用、具有一致风格的系列化的产品界面；如何适应非办公环境中各种影响用户任务完成的因素（噪声、光线、位置信息等），使用户有效地系统性地实现其目标，采用的主流方法是通过分析和建模用户任务，即用户任务模型；如何再将任务模型转换为不同抽象层次的界面模型，最终（半）自动地生成系统化的整合创新式的用户界面等问题，最终都要将产品系统整合创新应用于用户研究中，以促进产品创新的时代感和可持续性。

第

五

章

系统整合创新
设计与训练

第一节　服务系统整合创新设计

一、服务设计概述

1. 服务设计的释义

服务设计是一种设计思维方式，旨在为用户创造更好的服务体验。这些体验随着时间的推移发生在不同接触点上。它强调合作以使得共同创造成为可能，让服务变得更加有用、高效，这是多学科交融的综合领域。

服务设计是以用户的需求为出发点，通过运用创造性的、以人为本的、用户参与的方法，确定服务提供的方式和内容的过程。服务设计并不是仅仅集中在设计过程上，过程分析是其中的一个维度，用户的定位、背景融入等也作为考虑因素。服务设计强调以人为本，利用各种方法，并最终通过服务设定和原型等技术展现出服务应有的特征及其相应的表现形式。从这个意义上讲，服务设计的目标是设计出具有有用性、可用性、高效性和有效性的服务。

2. 服务设计的特点

（1）系统性

"系统性"是服务设计的一个最基本特征。设计师应对产品全生命周期构成体系中多方面的因素综合分析与思考，构建多接触点通道，这其中包括系统本身的元素构成、系统功能、系统结构，以及实现系统的工具及实施方案等。必须明确意识到每一个接触点的发生都意味着产品和用户的交互，它强调从策划与研发的最初阶段就将产品与服务进行一体化思考。通过多次执行、反复迭代的过程，使用户、产品、服务程序和环境间形成相互作用、相互依存的有机整体。

（2）无形性

服务本身具有无形性与随机性，而服务设计因为包含了服务的内容，使其设计形态发生了质的变化。服务设计就是将产品与服务有机地结合在一起，通过对用户行为方式的研究使其共同实现某种功能，使用户在不拥有产品本身的情况下，需求却能得到满足。服务设计的对象已不再局限于物质形态，同时也包括非物质的虚拟形态。如人机界面的交互、人人接触的交际、人与环境的交流。同时，服务设计的无形性也是一种适应变化的工具。随着社会科技的快速变化，新生事物的不断涌现让无形的体验经历成为一次很好的"试错"，成为企业提高创新能力的一个途径。

（3）共享性

共享理念的出现是生态学思想在设计学科领域内的延伸及探索，是人类因物质文明飞速发展对环境资源所造成伤害的有效反思，它以维持生态系统的稳定性为出发点，以可持续发展为指导思想，构建开发而成的一种以解决问题为导向的设计活动，其外在表现形式是设计方法的改变，其内在核心价值是设计思维的转变。探讨服务设计中的共享性特点，可以从产品共享及服务共享两方面来看。一方面，产品共享是为了减少资源的浪费，如在设计的过程中应考虑其易组装、易升级、易替换，这将有效提高产品的生命周期和流通率，并为节约资源与制造成本、减少浪费寻找到一条有效的途径，这是产品设计本身的创新；另一方面，服务共享的提出是对物质层面的一种超越，这个观点的提出是基于对用户需求的深度理解。从用户需求角度看，满足人类需求不一定是产品的物质价值，也可能是其所能提供解决问题的一种方法、制度或程序。为此，战略性设计活动是达成目标的方法，通过开发能在社会价值和经济价值上均具有贡献的创新性设计解决方法，为产品服务创造新的市场机会。

（4）协同性

服务作为一个复杂的综合体，涉及许多行动者和利益关系人，为了提供令人满意的结果，降低失败的风险，设计过程需要多方协同配合，通过不同学科背景、经验、方法、工具和知识来共同解决问题，因此协同能力变得与设计及评估技能同等重要。协同性第一个显著特征就是参与设计，可以分为内部协同参与和外部协同参与：内部协同是指系统运行过程中参与者与参与者、使用者与参与者、使用者与使用者之间的协作；外部协同是指不同部门间的协同，这种跨学科式的协同合作会在很大程度上改变设计师的经验、知识和方法。协同性第二个显著特征就是价值共创。服务设计协同包含共同制定背景和问题空间，以结构化目标引导人，从共同憧憬、共同创造到实现共同的未来。

3. 服务设计思维

（1）服务设计的系统性设计思维

服务设计是一种系统性的设计模式。整个服务系统主要由要素、结构和功能组成。服务设计中最基础的组成部分——用户、产品、流程和环境被称为要素；各个要素之间通过情境联系是其结构；服务设计中每一流程均向用户提供的服务为其功能。在整个系统中，要素与要素之间被结构联系起来，共同输出为功能，形成一个不可分割的整体，且以创造良好的用户体验为终极目标。由此可见，"服务设计的系统性设计思维要求设计师全局把控，系统性思考，不仅着眼于系统要素的价值创造和性能提高，更要考虑系统要素间的良好配合，从而使该服务体系的整体性能发挥到最佳。"

（2）服务设计的以用户为中心的设计思维

用户在体验服务的过程中，会根据自己的经验，对服务效果做出评价，程度分别为生气、愤怒、不满意、满意、愉悦（图 5-1）。对于服务提供者而言，服务效果一直保持在愉悦阶段，会大大提高用户的忠诚度，这样才能稳定现有用户，同时发展潜在用户。

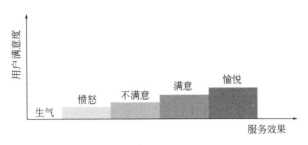

图 5-1　服务效果与用户满意度关系

用户作为服务设计中不可缺少的一环，是服务设计开展的关键合作者，发挥了共同促进、共同发展的作用。因此，以用户为中心的设计思维指导服务设计的设计实施，需要时刻考虑用户需求的实现，揣测用户的心理期望，正视用户的反馈，考虑用户背后的文化，这对于该服务系统的实现意义具有重要价值。

二、服务设计与产品设计

产品服务系统（Product Service System，PSS）的概念在 20 世纪 90 年代后期起源于欧洲，尤其是荷兰和斯堪的纳维亚。20 世纪 90 年代中后期，联合国环境规划署提出了产品服务系统的概念，其关键思想是企业提供给用户的是产品的功能或结果，用户可购买物质形态的产品。PSS 是一种在产品制造企业负责产品全生命周期服务（生产者责任延伸制度）模式下所形成的产品与服务高度集成、整体优化的新型生产系统，通过产品与服务的耦合而创造新的价值。PSS 将有形的产品和无形的服务联系起来，旨在从系统论的角度出发，为从单独的生产循环转变到集成化的生产和消费循环创造了机会。产品服务系统设计（Product Service System Design，PSSD）是基于 PSS 提出，主要是针对产品服务系统涉及的战略、概念、产品（物质的和非物质的）、管理、流程、服务、使用、回收等系统的规划和设计。

1. 有形产品与无形服务

服务设计赋予了产品新的价值与意义，学者们关于服务和产品的区别有过许多讨论。其中，Regan 阐述了服务的定义为一种用户参与买卖并获得精神满足感的行为过程，参与商业活动的实体产品，决定了服务的类型和质量。Russell 等提出了服务的四种独特之处，来区分产品和服务的关系：不确定性、不可分离性、不均匀性和非持久性，当顾客需要消耗时间来等候服务时才显现，当身处服务中时并不明显。把握好这四种特点，设计服务者可以更加细微地洞悉服务环节中的无形纰漏，统一有形产品和无形服务之间的关系，协调进步（表5-1）。

表 5-1　产品和服务的区别

产品	服务
物质的，有形的，被生产的	非物质的，无形的，被执行的
能够被储藏和堆放	不能被储藏和堆放
购买之后，变更所有关系	购买之后，不变更所有关系
生产与消费分开	生产与消费不分
生产与顾客分离	服务技术与顾客交互代表了服务的实现
在生产过程中发现错误	在执行中发现错误

2. 设计师与用户的沟通

最早期的服务设计与产品设计是相辅相成的，服务设计理念的提出也是工业技术发展到一定程度所生成的产物。如果把服务设计看作一种设计师与用户间的沟通与对话形式，那么服务设计便是沟通对话的技巧（即如何舒适自然地将设计师的概念模式传达给用户），产品本身则是传达设计师思想的媒介，设计师与用户的沟通过程（图5-2）。另外，由于服务设计的无形性与易逝性的特性，需要找到有形的产品作为依托，所以服务设计是附加在有形产品上的无形的持续价值。

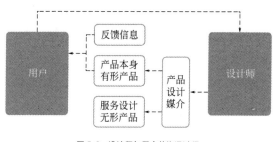

图 5-2　设计师与用户的沟通过程

3. 服务设计的最终产物

不同于一般设计服务，服务设计的最终产物并不是某一个物品、某一个效果图或者某一个应用程序等实物，它的存在根植于整个服务的产生和运行过程中，服务设计不能独立存在，而是应当和服务执行、管理和市场这些因素紧密相关。因此可见服务设计本质依托设计角度，但同时需要与互联网技术、管理学、营销学紧密关联。服务设计的一切过程都是直接围绕着使用者的需求，但是使用者的需求会根据文化环境、技术环境等大环境的变化而变化，充满变数且比较难形成固定的模式和规律，因此对于服务设计的具体落地，就需要借助提炼其基本的思想，根据不同的环境和使用者具体分析和执行。

4. 服务设计与其他类型设计的关系

从设计层面来看，服务设计与产品设计、信息设计及平面设计之间存在着一定的联系和区别。服务设计包含了平面设计、信息设计、交互设计或体验设计，其中也会有相关的产品设计。但产品设计的有些内容不一定包含服务设计（图5-3）。

从用户体验与服务设计来看，两者既有联系又有区别（图5-4）。服务设计是产品和服务的基础，优良的服务设计是为了带来满意的用户体验，而价值共创则是最高目标。服务是一种过程，当服务结束后，记忆将保存对过去的体验。现代人愿意花更多的金钱及心血在愉快的体验上，这就要求服务质量要能跟得上，愉快的体验能够促使用户形成对消费的忠诚，而优质的服务是基础。对于用户来说，好的服务设计，会带来好的体验（包括产品、系统和环境等的参与、使用和反馈等），为用户创造好的生活和工作环境及便利性，用户的忠诚度和黏性就会高；对于商家来说，好的服务设计也会为用户带来好的体验，创造更好的商业机会和利益点，产品的转化率就会提高。这两者都会为用户和商家创造共同的价值，达到价值共享。

图5-3 服务设计和其他类型设计的关系

图5-4 服务设计与用户体验

5. 服务设计与传统设计的关系

服务设计的价值体现与传统设计所传递的价值不同，但服务设计并非就与传统设计相排斥，而是立足于整合传统设计手段，运用更系统性的思维去驾驭传统设计，从而为被服务者提供更好的体验。同时，服务设计涉及的每个设计点都会随着与被服务者使用的具体情境变化而变化。每一个对应的情境都意味着一次服务的提供，所有情境连接成了整个服务提供的大环境，而大环境下的所有服务都不是通过单一的某件产品或者某一服务类型建立的，只有跨平台跨领域的协同作用，才能让服务更好地适应各种情境。

因此，服务设计需要把不同专业领域的基础知识穿插在一起，构建起一种综合学科的领域。提供服务设计的设计师不仅需要广泛涉猎这些专业知识，同时也需深入到每个领域。服务设计会找寻能够将各种需求与技术资源相连接的端口，挖掘被服务者潜在的需求，给予所有能够实现的资源，从而保障被服务者的需求得到满足。尽管服务情境和被服务者有着很大的波动性，服务本身也就存在着很多不确定，每一次展开服务设计的过程都需要结合一定的场景具体分析，但是通过构建服务系统模型并通过这一模型进行测试和分析，能够降低服务设计的成本，这相对于单纯的产品设计的试错成本将会降低。

三、服务设计的主要内容和构成对象

1. 服务设计的内容

（1）服务设计的对象

服务设计所适合的对象是所有提供服务的行业，它可以是有形的，也可以是无形的；它可以是饭店、学校、机场、医院、公共交通，也可以是手机、电视和网络。服务很难使其标准化，当传递或者消费服务时，服务设计方法的核心起点是以人为本，原则是以用户为中心，因此用户应当是服务设计的主要设计对象。

（2）服务设计的基本特征

从设计文化研究的角度看，服务设计，或者说体验型的服务设计呈现出一定的系统性和复杂性，总结起来主要有三大基本特征：多维性、多层性和多元性（图5-5）。

（3）服务设计的要素

服务设计是对系统的设计，对应的要素包括：利益相关者、接触点、服务、流程（图5-6）。

图5-5　服务设计的三大基本特征　　　　　　图5-6　服务设计的要素

（4）利益相关者

交互设计、体验设计等更多是将使用者作为设计的对象，是唯一的核心利益相关者；而服务设计需要综合考虑所有利益相关者，如何通过设计让各方利益相关者都可以高效、愉悦地完成服务流程。其中利益相关者又可以按照和服务的联系紧密程度分为核心利益相关者、直接利益相关者和间接利益相关者。以滴滴小桔充电服务作为例子，该服务的利益相关者包括司机、充电桩运营商、工程检验方、滴滴设计开发团队、滴滴运营团队等。

（5）接触点

接触点字面上的意思是事物之间相互接触的地方，在服务设计中是利益相关者与服务系统进行交互的载体。接触点可以是有形的，也可以是无形的，接触点的种类繁多，大体可分为物理接触点、数字接触点、情感接触点、隐形接触点和融合接触点等。比如打车支付这个服务环节的接触点可以是线上的支付应用，也可以是线下现金，还可以是无形的接触点如司机的提醒等。接触点的选择和设计是服务设计的重要环节之一。

（6）服务

设计服务系统，最本质的要素是服务。比如滴滴早期提供的服务是线上叫出租车，在经过业务扩展后，现在提供的是出行服务，对应各种场景和需求提供差异项的服务来

满足用户的出行需求。

（7）流程

服务设计的对象不是单一的触点，而是由多个触点组成的系统的、动态的流程。服务系统的节奏、各触点、服务阶段的划分与组织都是进行服务设计时要重点考虑的。比如滴滴打车的支付环节，这一服务是设计在到达目的地时，还是可以在下车后，甚至在下次打车之前，服务流程和节奏的变化对体验有很大影响。

2. 服务设计系统的构成对象

从本质上看，服务是行为、活动、过程，而不是物件。Buchanan 在划分设计的四个层次时明确指出，对服务进行设计，也就是对行为进行设计，服务设计与交互设计的对象都是行为。从这个角度看，服务设计是一种广义的交互设计，即针对服务提供者和服务接受者之间的互动进行规划的设计。

对服务进行完整描述或规划（设计）也可从人、行动、目的、场景、媒介这五个方面展开。换句话说，一个新的服务设计概念往往需要从重新确定服务参与者（人）、规划服务的行为活动及过程（行动）、定位服务目的、营造新的服务场景、谋求新的服务媒介等角度入手，它们分别回答了服务设计在实践操作层面需要解决的五个具体问题：何人（Who）、什么（What）、为何（Why）、何地或何时（Where 或 When）、如何（How）。可见，人、行动、目的、场景、媒介涵盖了一项服务所涉及的基本内容，代表了服务设计最为重要的五个要素，改变或重新设计任何一个要素，都可能产生不同的服务剧本即服务实施方案（图5-7）。

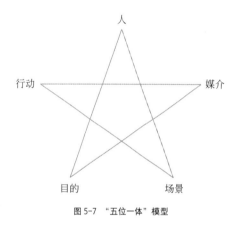

图5-7 "五位一体"模型

（1）以人为主体的服务对象

人是服务设计需要考虑的第一要素，因为只有人（尤其是顾客）参与到服务过程中，服务的存在才有价值。服务设计的实施必须坚持"以人为本"的原则，一方面，主动地走近顾客，洞察他们的生活方式、消费习惯、群体文化等，发现未被满足的需求和愿望，确保服务有用、好用且吸引人，把顾客看成服务设计的出发点和归宿及服务的"最高裁判官"；另一方面，要从服务提供商的角度出发，充分考虑员工（尤其是一线服务人员）的生理、心理需求，增强他们的服务意识，激发工作的积极性、主动性和创造性，确保服务系统的运行有效、高效且与众不同。以此为基础，在顾客和服务组织之间建立一种和谐共生、价值共创的服务关系。为了避免在服务设计中犯错误，尽可能满足不同人群的利益需求，一些先进的服务企业和设计机构倡导一种参与式的共创方法。具体来说，就是邀请不同个体如顾客、服务人员、营销人员、工程师、管理者等，参与到服务设计的过程中，模糊彼此间的界限，平等协作，分享各自的经验、智慧，共同解决某一服务问题，尤其是社会公共服务。这是一种对服务系统中各利益相关者获取广泛、深入理解，且产生移情作用的服务设计策略，体现了伯克关于行为和思想上获得"同一"的方法。

（2）以行动为主体的服务对象

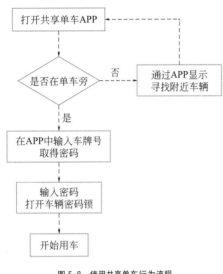

图 5-8　使用共享单车行为流程

行动是指服务过程中具体的行为活动或动作。一个完整的服务，由一系列彼此关联的动作构成。比如，共享单车（图 5-8）服务中有找车、扫码、取车、骑行、停车、结单等系列动作；酒店用餐服务中有找座、点单、上菜、用餐、结账、离开酒店等系列动作，一些顾客还涉及进入酒店前的停车、离开酒店时的取车、剩余食物的打包等相关动作。可见，无论是自助服务还是人工服务，其核心都是行动。

美国著名服务营销专家 Shostack 指出，服务的生产和消费往往是同时进行，顾客需要不同程度地参与服务生产的过程，并与服务组织发生多层次、多方面的行为互动，即"服务交互"。也就是说，服务是在顾客和服务提供商之间的互动中被生产、交付和消费的。可见，互动是服务行动的典型特征，互动效果的好坏直接影响顾客对服务和服务组织的评价，决定着服务质量的高低。服务中的互动，既包括顾客与服务人员、顾客与顾客、服务人员与服务人员之间的人际交互，也包括顾客与媒介、环境，以及服务人员与媒介、环境之间的非人际交互。服务行动的有效实施，应按照一定顺序、节奏、速度、持续时间等条件进行，需要被精心地规划和设计。剧作家通过规划舞台表演中的每一个戏剧动作，塑造最佳的表演效果。服务设计师同样需要对服务过程中每一动作进行合理安排，编制动作序列，营造高效的服务体验。不同的服务，包含着不同的系列动作，服务设计的开展应遵循顾客的行动习惯，发挥其在服务旅程中的主动性。

（3）以目的为主体的服务对象

服务是人类一种有意识的行为，目的贯穿于服务过程的始终，决定着服务的性质和使命。目的越清晰，服务的任务指向和价值主张就越明确，也就越容易将服务系统中各利益相关者统一在一起。服务目的的设定，是服务设计最为重要的环节之一，在实施中应注意以下几点：其一，强化服务的社会责任，从民计民生、社会福祉、文化价值等设计立场出发，将"为人类创造美好的生活"作为终极目标，不盲目追求服务的经济利益和商业价值；其二，严格遵循社会、经济、技术及服务科学的发展规律，实事求是，始终立足于顾客的真实需求和愿望；其三，以全方位的视野审视完整的服务系统和组织架构，发挥服务设计的主动性、开放性，与技术、营销、管理等跨专业团队协作，共同制定合适的服务目标。因此，目的一旦确定，服务设计师就应确保在项目实施的每一阶段所做的每项决定与预设的目标一致，否则设计会偏离正常的轨道，导致完成周期延长，成本不断提高等。此外，服务方案一旦付诸实施，服务组织及其员工应当时刻牢记服务的目标，这样他们的每项系统性的工作才能变成有意义的"表演"，所输出的服务也才更具竞争力。

（4）以场景为主体的服务对象

服务中的场景主要是指服务提供、展示，并供顾客消费和体验的具体环境，如同舞台表演的剧场，也有前台和后台之分。对顾客（或用户）来说，随时、随地、多方式的服务接触与体验不再是奢望。在此背景下，服务场景的概念也得到了进一步拓展，从实体的物理环境，延伸到虚拟的网络环境，不但具有空间的属性，还具有时间的属性。这在改变顾客生活、工作方式的同时，也为组织的服务创新带来了广阔空间。因此，服务设计的实施要从整个服务系统出发，一方面，综合考虑前台与后台、有形与无形、实体与虚拟、线下与线上等服务场景的融合问题；另一方面，深入考虑各场景因素的合理设置，从空间、时间两个维度，以及视觉、听觉、嗅觉、触觉等感官层面，给予顾客足够的关怀。可以肯定的是，经过精心设计的服务场景，能使置身其中的顾客获得优越的体验，进而影响顾客的消费行为，还能提升服务组织的企业形象，增强员工的自豪感和归属感。

（5）以媒介为主体的服务对象

媒介指的是服务得以顺利产生、传递、交付、消费的工具或手段。服务媒介是无形服务真实存在的重要线索或证据，如同戏剧表演中的道具，媒介在表征服务、吸引顾客、创造价值方面具有十分重要的作用。一般根据物理属性的不同，将服务媒介分为有形和无形两种。以银行服务为例，银行卡、存折、钞票、单据、ATM 机、排队机、点验钞机、密码器、计算器、柜台窗口等都属于有形服务媒介，而网银、APP、指纹、语音、视频等则属于无形服务媒介（图 5-9）。服务中的媒介受科技发展的影响较大。人类每一次技术变革，往往都会带来服务媒介的更新换代，进而为服务创新带来新的机遇。以智能化、网络化为代表的新型服务终端和

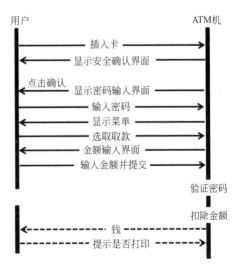

图 5-9 银行 ATM 机服务流程

工具的大量兴起，极大地丰富了服务的手段，推动了服务经济的快速发展。从这个意义上讲，服务中看不见的技术方案和手段也都属于服务媒介的范畴。因此，在技术层面上，服务媒介有软件和硬件之分。服务设计中对于服务媒介的选用和创新，一方面，要充分考虑顾客的使用习惯和受教育程度，为媒介赋予易感知、易接近、易操作的形式，强化使用体验和人性关怀；另一方面，应兼顾服务组织的实际情况，做到经济、高效、可靠、环保。虽然高科技的服务媒介，可以激发顾客的好奇心，但若过于先进、复杂，可能会大大超出顾客的接受能力，使其产生挫败感、焦虑感，反而造成服务媒介的使用率低、闲置浪费等现象。此外，新奇、时尚的媒介外观设计和视觉效果固然吸引人，但更应考虑其合理的人机关系，以及与服务场景的融合问题等。

四、服务设计的重点与难点

1. 有形服务设计的内容与重点

（1）有形服务设计的内容

① 服务产品的有形化。即通过服务设施等硬件技术，如自动对讲、自动洗车、自动售货、自动取款等技术来实现服务自动化和规范化，保证服务行业的前后一致和服务质量的始终如一；通过能显示服务的某种证据，如各种票券、牌卡等代表用户可能得到的服务利益，区分服务质量，变无形服务为有形服务，增强用户对服务的感知能力。

② 服务环境的有形化。服务环境是企业提供服务和用户享受服务的具体场所和气氛，它虽不构成服务产品的核心内容，但它能给企业带来"先入为主"的效应，是服务产品存在的不可缺少的条件。

③ 服务提供者的有形化。服务提供者是指直接与用户接触的企业员工，其所具备的服务素质和性格、言行，以及与用户接触的方式、方法、态度等如何，会直接影响到服务营销的实现，为了保证服务营销的有效性，企业应对员工进行服务标准化的培训，让他们了解企业所提供的服务内容和要求，掌握进行服务的必备技术和技巧，以保证他们所提供的服务与企业的服务目标相一致。

（2）有形服务设计的重点

① 具体化。即将服务内容具体地呈现出来，让用户很容易知道购买该服务所能得到的利益。譬如，美国有名的旅游渡轮卡尼佛公司就常常在广告中展现顾客通过跳舞、餐宴或拜访奇特地点所带来的无比刺激与快乐。

② 发挥联想效应。即让服务与有形的物体、人或动物一起出现，当用户看到时，就会联想到该服务的优点。譬如，人寿保险界的大树、大伞、盘石，都使人联想到保险公司的可靠与保障。

③ 有形展示。即以实际的服装、物体、装潢、包装等来传递服务本身的品质。譬如，航空公司机上服务人员的制服传递着管理制度化的讯息，同时也对乘客暗示"飞行安全"；麦当劳、肯德基等速食业的服务人员也必须身着制服以传递其干净、值得信赖的讯息。

④ 提供书面证据。即以实际的数据来证实公司服务内容的优越性与值得信赖。譬如，美国西北航空公司经常在广告中借由正确比较各航空公司的延误抵达时间，而凸显其因较少延误而为乘客节省的宝贵时间。

2. 无形服务设计的内容与难点

（1）无形服务设计的内容

体验经济时代下的现代设计经历了从产品到服务、从关心经济价值到注重文化内涵的蜕变，这种将设计与服务进行全方位整合的创新模式，是现代设计经历了价值和伦理两个维度的讨论与思辨过程的结果。所谓体验型的服务设计，强化了日常生活的文化意义，在生态、社会与产品这三方面植入体验服务的理念，整体地以文化的多维性、多层性与多元性特征，也只有在精神与实践的双重递进中，服务设计才能真正作用于社会的可持续发展。服务设计是一个系统过程。服务设计不是独立的个体设计，而是寻找契合一个过程的整体设计，它必须考虑商品自生产出来后，到用户手中所有设计问题和行为。服务设计注重信息资源的整合优化。社会化进程的深入及用户多样化需求的凸显，原有的统一、均匀市场逐渐消失，各种各样的信息资源并存，使得服务设计日益复杂，过去仅注重资讯给予的模式已难以适应现代复杂的社会需求。服务设计是一门新兴的边缘学科，但与信息有着密切的联系，具有极强的交叉性，是涵盖各个学科的综合体。在新的时代背景下与社会经济发展新形势下，服务设计的内涵与外延均得到扩充与延伸，服务设计的理念、行为、方法等也随之发生与时俱进的变化，要注意信息资源的整合优化以促进服务设计更好地发展。

（2）无形服务设计的难点

服务无形性是指服务在购买前不能被看见、品尝，也感觉不到、听不见或嗅不出。服务的无形性可以用餐厅和肥皂的明确比较来解释。肥皂有一个明确的度量标准，比如，500克的肥皂，它是你能摸到的东西，你就知道这个产品的具体成本是多少，它的价格必须是多少。但是，像在餐厅环境下的服务，其服务的内容和形式总是参差不齐，因为你是按服务内容付费。犹如消费者在餐厅里，大多数不能先品尝食物再点菜。产品是有形的，服务是无形的。服务的无形性来自看不见、摸不着的服务。服务是现场的行为、动作等的交付形式，因此它不能像有形产品那样有衡量的标准。服务的无形性是服务的主导特征，也是营销人员及服务产品主要面临的最大挑战。服务的无形性主要有四个特点：服务不可触碰、服务没有确切的标准化、服务不能申请专利和服务中不存在盘点。

服务设计所牵涉的内容较多也较广，本身就带有系统性。为加深对服务系统整合创新设计的理解，本节的设计训练将在前期对服务设计的基本概念、主要内容、构成对象以及重点与难点的理论分析的基础上，以具体的实践案例来说明服务设计与系统整合创新之间，服务设计内容与用户及产品之间的相互依存关系。

设计训练一：无锡耘林社区养老服务系统创新设计

设计者：肖磊　陈钟瑶　王雅婷　指导老师：陈香

1. 课题背景

进入新时代以来，我国的经济发展得到了较大的进步，人民生活水平已经从满足物质需求开始转变为对美好生活的追求。在转变的过程中，我国也面临着许多前所未有的社会问题，其中人口老龄化问题已经成为我国乃至世界许多国家需要共同面对的问题。日益增长的老年人口催生了规模庞大且不断增长的养老服务经济，养老院养老也正在成为越来越多老年人的首要养老方式。因为各国经济发展情况不一，各国社会提供的养老院服务水平也不尽相同。在我国，养老院的服务水平普遍处于较为粗犷的阶段，与发达国家相关服务在理念与实施上存在着较大的差距。

2. 研究现状

目前全球范围内拥有众多关于养老院服务的文献资源与实际的养老院落地项目。在该领域，众多的尝试依然基于目前的养老院模式及目前的传统老年人群体作为主要研究对象。对于未来的新老年人(55 ~ 70 岁) 群体的养老院服务系统研究还处于起步阶段，这为本课题提供了研究缺口。同时这一领域在未来 5 到 10 年极具商业意义，以及社会意义。基于目前该领域的研究现状，得到以下问题点和研究趋势（图 5-10 ）。

目前养老院服务设计研究问题点　　　　　　　　未来养老院服务设计研究趋势

图 5-10　老年养老院服务设计的问题点和研究趋势

3. 研究意义

在智能化生活理念盛行的今天，越来越多的中年人正在走入老年。相对于传统老年人的生活方式与生活习惯来说，他们更加接近年轻人，是智能设备的使用者，同时也是未来养老市场的主力消费群体。他们对养老院生活普遍持积极态度，对精神提升与智能体验更加青睐。而目前国内外养老院养老服务仍然是以传统人力管理为主导，是智能化理念的盲区，无法有效满足这一用户消费习惯的变化，因此对于未来养老院服务的系统创新研究极具社会意义、时代意义与市场意义。

4. 服务设计系统创新

① 服务设计的概念。服务设计是有效地计划和组织一项服务中所涉及的人、基础设施、通信交流及物料等相关因素，从而提高用户体验和服务质量的设计活动。

② 系统创新的理解。在全局的角度，对相应领域各要素进行有效组织。

③ 服务设计包含的内容。实体的产品与虚拟的服务，是一种虚实共建的组成体现（图 5-11）。

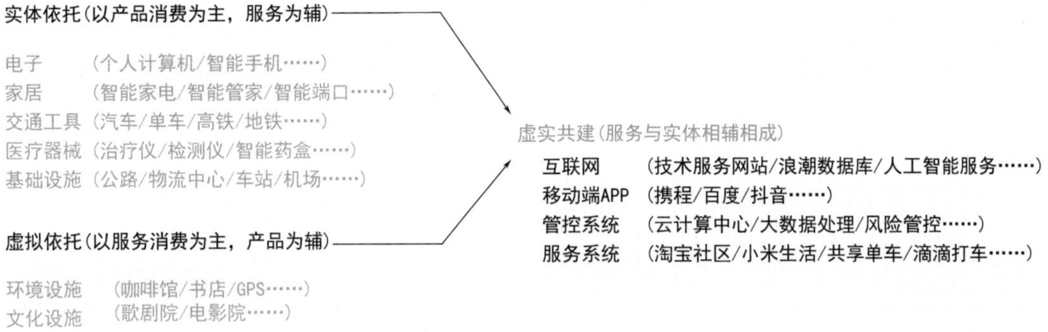

实体依托（以产品消费为主，服务为辅）

电子	（个人计算机/智能手机……）
家居	（智能家电/智能管家/智能端口……）
交通工具	（汽车/单车/高铁/地铁……）
医疗器械	（治疗仪/检测仪/智能药盒……）
基础设施	（公路/物流中心/车站/机场……）

虚实共建（服务与实体相辅相成）

互联网	（技术服务网站/浪潮数据库/人工智能服务……）
移动端APP	（携程/百度/抖音……）
管控系统	（云计算中心/大数据处理/风险管控……）
服务系统	（淘宝社区/小米生活/共享单车/滴滴打车……）

虚拟依托（以服务消费为主，产品为辅）

| 环境设施 | （咖啡馆/书店/GPS……） |
| 文化设施 | （歌剧院/电影院……） |

图 5-11　服务设计的组成内容

5. 国内养老院现状

（1）桌面调研（图 5-12）

价格高	规模小床位少	环境设备不完善	专业护理人员匮乏	健康隐患	安全隐患
常见价位在2000~5000元/月，子女承担困难	区域土地、资源配置不平衡，床位数量不足	娱乐设施与医疗设施有待改进	在职护理人员匮乏且缺少资格考核	生理健康、饮食健康、卫生健康、心理健康问题	老人安全意识与自我保护能力较差，消防安全需加强

图 5-12　国内养老院的问题

（2）问卷调研（图5-13）

服务周到　花钱不多，简单如家，温馨如家　安全
温馨和谐　　安全　　　生活不错　　改善服务质量
有家的感觉　要和一样温馨　　人性生活

安全需求 优质服务 气氛需求

自己要多存钱，要买好养老保险，减轻儿女的负担
只想跟儿女们一起享受天伦之乐到善终
不给儿女添麻烦，我现在就在养老院住

潜在需求-情感需求

养养花，打打牌，聊聊天，唱唱歌，种种菜
交朋友旅游　　　生活能更丰富多彩一些
养养花，打打牌，健健身，看看电视，做一些力所能及的事情
多些娱乐设备　　　　　　种花下棋打球
打打牌，聊聊天，喝喝茶，种花　修身养性
旅游　多结交朋友，可以种花，种种菜，唱歌跳舞
唱唱歌，逛逛街，跳跳舞，旅个游，养点花，养只宠物
打打牌，养养花　　多交朋友，打打牌

精神需求：娱乐活动　社交需求

图5-13　国内老年养老的需求总结

（3）实地调研（图5-14）

实地调研基本信息准备清单					
时间	地点	人员	对象	调研目的	调研内容产出
2019年2月27日 14:40—16:50	无锡市滨湖区 华庄护理院	肖磊 陈钟瑶 王雅婷	现居老年人 管理人员	1. 了解国内养老院普遍现状 2. 总结共性问题	1. 深入感受养老院服务，同理心带入 2. 收集真实养老院基本服务信息，归纳总结接触点与痛点
2019年2月28日 13:34—16:36	无锡市新吴区 耘林生命公寓	肖磊 陈钟瑶 王雅婷	现居老年人 管理人员	1. 学习国外先进养老院管理经验 2. 寻找服务设计灵感	1. 深入感受养老院服务，同理心带入 2. 收集先进管理理念，总结新型养老服务业态，寻找切入点

图5-14　无锡耘林生命公寓老年养老实地调研内容

① 现状对比与分析（图5-15）。

图 5-15 无锡耘林生命公寓老年养老实地调研对比与分析

② 现状对比与分析汇总（图 5-16）。

两家养老院实地调研对比分析		
地点名称	无锡市滨湖区华庄护理院	无锡市新吴区耘林生命公寓
经营性质	国内公助民办经营	中国、荷兰合资经营
管理模式	封闭式老年养护院管理	全开放式大型社区商业配套服务管理
运营规模	占地面积：14.5亩(1亩≈666.67平方米)，建筑面积：1.6万平方米，床位：535张	占地面积：201亩，建筑面积：11.1万平方米，床位：1365张
服务人群	70岁以上老年人	孕妇，儿童，55岁以上退休中老年人
服务种类	护理/医疗/居住/文娱活动	休养/医疗/居住/社区生活/文娱活动/健身配套
优势总结	1. 老年人辅助设施齐全 2. 老年人服务专精度较高 3. 价格适中，客户接受度较高	1. 各弱势群体辅助设施齐全，专精度高 2. 生活服务设施种类齐全，人性化考虑到位，环境优美 3. 生活氛围浓郁，特色活动众多 4. 社区活跃度强，商业附加值高
问题总结	1. 生活氛围较弱，社区环境消极化、封闭化 2. 文娱活动单一，老年人参与度较低 3. 建筑布局不合理，生活休闲区域远离居住区域 4. 辅助设施界面设计与使用设计不合理，不利于老年人使用 5. 设施与老年人生活匹配度存在不对等，资源利用浪费 6. 设施智能化水平低，不适合老年人使用	1. 服务费用较高，客户接受度较低 2. 企业文化宣传不够，知名度较低 3. 设施设计与经营理念的不匹配 4. 辅助设施界面设计与使用设计不合理，不利于老年人使用 5. 智能生活理念引入较弱，无法满足未来新老年人生活习惯

图 5-16　无锡耘林生命公寓老年养老实地调研对比与分析汇总

6. 基于养老院实地调研的人群与利益相关者分析

（1）养老利益相关者分析

（2）利益相关者关系总览／养老院服务网络（图 5-17）

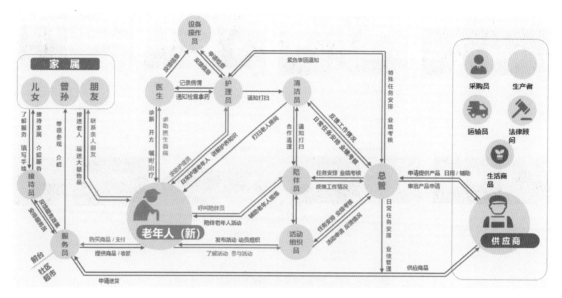

图 5-17　无锡耘林生命公寓老年养老利益相关者关系总览

（3）基于当下养老院服务系统的环境设施总览（各场景的流通关系）（图 5-18）

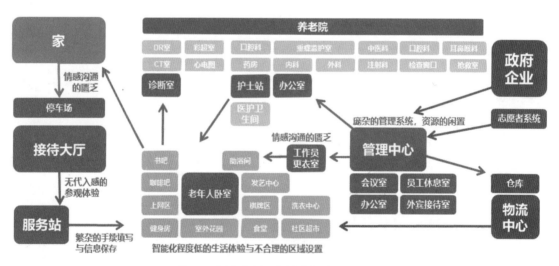

图 5-18　无锡耘林生命公寓老年养老服务设施关系网

7. 用户分析

（1）典型用户行为分析（图 5-19）

活动： 早上六点半起床，查看一下手机的消息，大致看看推送，在微信群发早上好。打开电视，边看边吃一点馒头和咸菜。洗碗后，坐在沙发上看电视，同时用保健锤敲打自己。到九点多去离家很近的地方做中医疗养。中午回家妻子已经做好了饭，有时也点外卖吃。午饭后，午睡半个小时。下午听听音乐，照料一下盆栽，看会手机新闻和视频。晚饭简单吃中午剩下的饭菜。饭后去院里散步，与朋友聊天、下棋。晚上回来看会电视剧，手机给大家发晚安，九点睡觉

6:30	7:30		9:30	11:30	12:30	13:00		17:30		19:30	21:00
起床	手机	电视 早饭	电视 保健	保健	午饭	午睡	兴趣	手机	晚饭	散步 兴趣	电视 睡觉

态度： 认为身体健康是最重要的；希望保持自立不成为儿女的负担；追求一定的生活品质；会学习一些智能产品的使用，认为手机很方便，不懂时会向儿女询问；对去养老院不是很排斥；喜欢家人多来看望自己；喜欢与人沟通交流

动机： 美好充实的老年生活

能力： 基本生活能力；丰富的人生经验；独特的爱好特长

技能： 曾经的职业技能

姓名：李××
性别：男
年龄：65岁
职业：退休教师
月收入：3000元左右

图 5-19　无锡耘林生命公寓老年养老服务用户行为分析

（2）典型用户旅程（图 5-20）

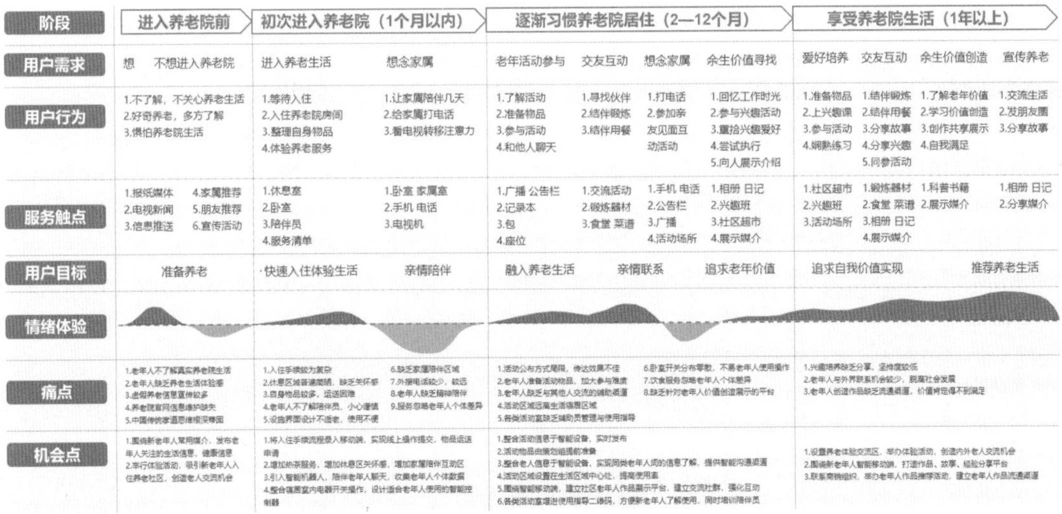

图 5-20　无锡耘林生命公寓老年养老服务用户旅程

（3）用户需求点分析（图 5-21）

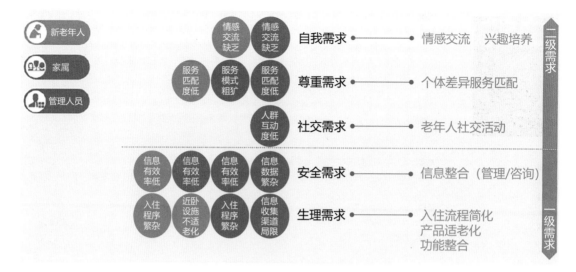

图 5-21 无锡耘林生命公寓老年养老服务用户需求点分析

8. 实体竞品分析总结（图 5-22）

实体竞品类型	问题点	机会点	价格区间/元
心理陪伴类	机器人众多，销量并不与其智能程度成正比，简单地加强联系的产品更受欢迎。另一方面现今的智能水平达不到人类心理安慰的要求也是一大原因	可以通过提供有趣多彩的互动形式和远程共享游戏形式来加强老人和家人、老人和其社交圈，老人与服务人员的联系，以此在一定程度上解决老人心理问题	500~2000
健康监测类	智能手环是此品类市场上的最大领跑者，并且逐渐趋于完善，通常是线上线下产品的结合，不过更适合较健康的老人，对于半护理和全护理的老人则比较繁杂，并且需要一定时间的学习。小屏幕对视力不好的老人也比较不友好	一方面可以通过便携式设备时刻收集并向后台上传健康数据，另一方面也可以和外置屏幕联系，让老人能方便查看自己实际的健康状况。但与老人接触的部分服务用语及数据体现方式都要积极向上、鼓励安慰，避免给老人产生其他的心理负担	100~300
紧急联系类	产品数量相对较少，报警方式比较单一，多是响亮声音，很容易形成噪声。另外外观方面亟待改进，很多便携式紧急呼叫器都像医疗用品，时尚感和对病人心理关怀较少	针对养老院内部体系的紧急联系呼叫器，可以直接信号连接到对应护工或急诊处	50~300
适老家具类	适老化产品最多的和相对完善的是卫浴间中的防滑助力产品，其次是走廊扶手类。桌类家具多为一些考虑了轮椅的改变桌面高度和构架的价格低廉质量欠佳的产品，椅类家具则大多显笨重并且医疗感较强	桌椅类家具可以通过改善CMF来提升视觉、上身和心理体验。另外可以增加一些能辅助老人自己做一些简单任务的结构或设计	小家具：50~300 大家具：200~3000

造型风格
简洁明了的界面
温润的造型为主
所有功能最好一目了然
减少老人的学习和适应时间

材质色彩
柔和温暖的色彩
色彩少，区域区分明显
材质反射指数小，触感温和
材质便于印刷且不易磨损破坏

图 5-22 无锡耘林生命公寓老年养老服务实体竞品分析总结

9. 国内外养老院先进经验总结（图 5-23）

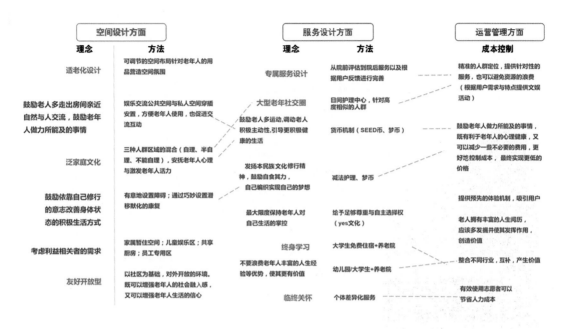

空间设计方面		服务设计方面		运营管理方面
理念	方法	理念	方法	成本控制

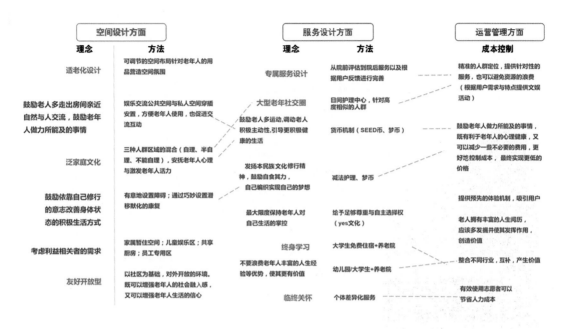

图 5-23　无锡耘林生命公寓老年养老服务实体先进经验总结

10. 国内养老院服务系统设计三要素分析

基于国内养老院服务系统的服务设计三要素分析，即产品、用户与环境（图5-24）。

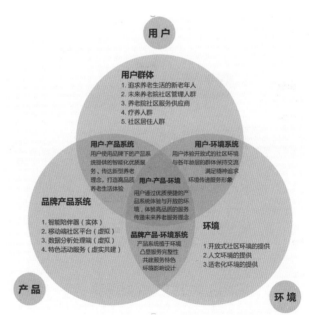

图 5-24　国内老年养老院服务系统设计三要素分析

新老年人更加热衷在开放式的养老社区环境中，体验智能化的养老生活的三要素间的相互联系，帮助构建了针对新老年人群体的养老院服务设计系统，强化系统创新设计概念与服务设计的融合。从相互联系的层面清晰地表达了服务设计需要处理的问题。

11. 课题相关设计的概念定义（图 5-25）

图 5-25　针对无锡耘林生命公寓养老服务系统设计的定义（一）

12. 服务系统模型图

（1）前期构想设计（图 5-26）

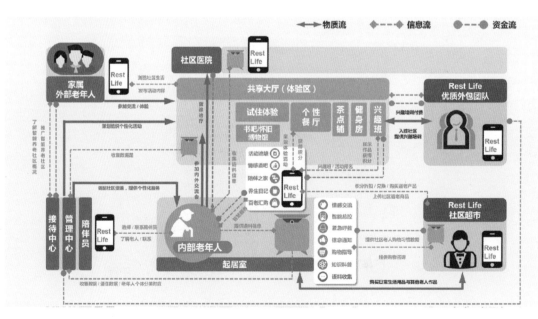

图 5-26　针对无锡耘林生命公寓养老服务系统设计的定义（二）

（2）产品系统详细功能构架

新老年人智能养老社区产品系统详细功能构架梳理（图5-27）。

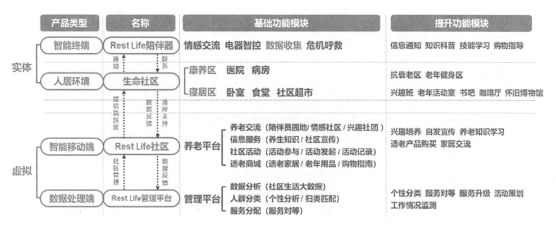

图 5-27 针对无锡耘林生命公寓养老服务系统设计的定义（三）

（3）产品系统设计原则梳理

梳理新老年人智能养老社区产品系统设计原则。

13. 产品实现——功能硬件与核心技术

（1）产品功能硬件与技术分析

（2）技术结构和零件清单（图5-28）

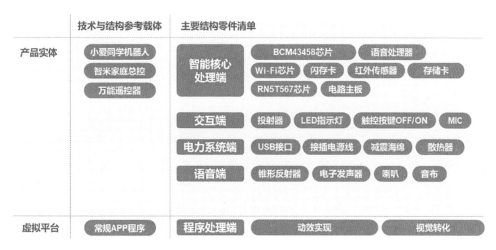

图 5-28 无锡耘林生命公寓养老服务系统产品技术结构和零件清单

（3）智能陪伴产品平台设计效果呈现

新老年人智能养老平台移动端程序架构（Rest Life 平台部分），其中活动发起、兴趣班、陪伴员列表只对社区内部老人开放（图5-29）。

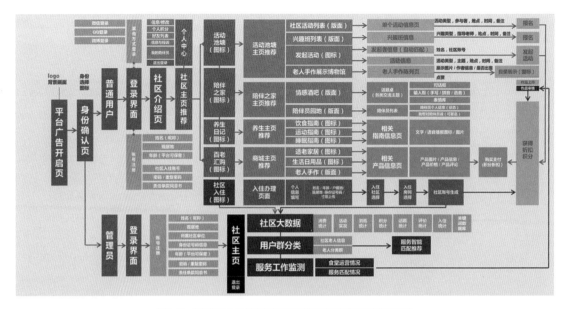

图 5-29　无锡耘林生命公寓养老服务系统智能陪伴产品平台整体框架

14. 无锡耘林生命公寓养老服务系统产品实现

（1）移动界面设计（图 5-30）

Rest Life 新老年人智能养老线上平台界面设计严格遵循了整个新老年人智能养老社区服务设计项目所规定的设计原则。

① 在功能布局上，Rest Life 新老年人智能养老平台围绕新老年人这一特殊用户群体的 APP 产品使用习惯（信息呈现清晰化、视觉冲击强烈化），从扁平化图标式的主流 UI 界面功能布局的设计潮流中跳脱而出，采用了大底图与信息主题叠放式的 UI 设计，形成了以图为主、文字信息为辅的 UI 视觉感受，大大增强了 Rest Life 新老年人智能养老平台的 UI 界面视觉吸引力。

② 在色彩系统上，Rest Life 新老年人智能养老平台同样围绕新老年人这一特殊用户群体的审美习惯，结合养老产品的独特属性，采用了以春日青为主、拿坡里黄为辅的色彩搭配系统，给人清爽简约之感，符合新老年人对 UI 界面良好色彩视觉体验感的需求。Rest Life 新老年人智能养老平台总体 UI 的设计及动效的表现，紧跟 2019 年手机移动端 UI 界面交互重回立体化的设计趋势，同时倡导大底图的时尚潮流，带来全新的视觉风格感受。

（2）实体智能陪伴机器人设计

图 5-31 ～图 5-34 分别为智能陪伴机器人的设计草图、效果图、零部件和使用场景。

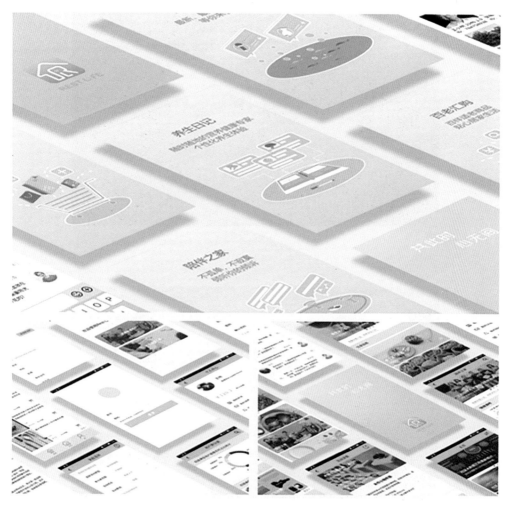

图 5-30　无锡耘林生命公寓养老服务系统移动界面设计

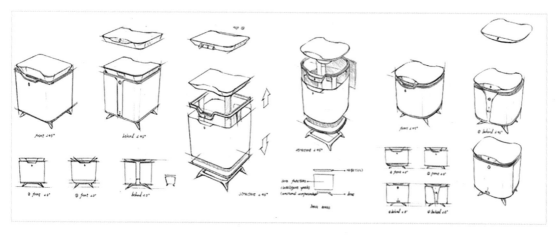

图 5-31　无锡耘林生命公寓智能陪伴机器人设计草图

图 5-32　无锡耘林生命公寓智能陪伴机器人效果图

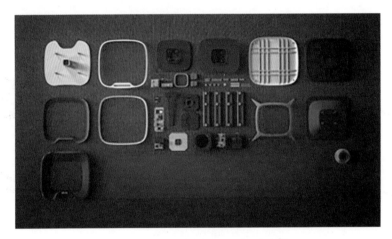

图 5-33　无锡耘林生命公寓智能陪伴机器人零部件

图 5-34　无锡耘林生命公寓智能陪伴机器人使用场景

第二节　交互系统整合创新设计

一、交互设计的概念

交互设计，是定义、设计人造系统的行为的设计领域，它定义了两个或多个互动的个体之间交流的内容和结构，使之互相配合，共同达成某种目的。交互设计努力去创造和建立的是人与产品及服务之间有意义的关系，以"在充满社会复杂性的物质世界中嵌入信息技术"为中心。交互系统设计的目标可以从"可用性"和"用户体验"两个层面上进行分析，关注以人为本的用户需求。

简单地说，交互设计是人工制品、环境和系统的行为，以及传达这种行为的外形元素的设计和定义。交互设计有利于使用户在使用产品时获得愉悦感，这是一门交叉学科，如图 5-35 所示，它比较注重使用者、介质及过程。使用者是指用户，用户在交互设计中占有主导地位；介质主要是指可以作为交互行为的产品，比如手机、电视等；过程是指用户为了提升体验感而施加其他行为的过程。交互设计在工业领域的应用中，需要做好对使用者、介质及过程三要素的分析，提高产品的服务质量。

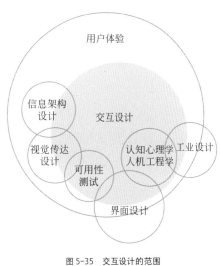

图 5-35　交互设计的范围

二、交互设计与产品创新

交互设计相关的要素：人、机和界面。因此，交互设计会涉及人类工程学、心理学、认知科学、信息学、工程学、计算机科学、软件工程学、社会学、人类学、语言学、美学，以及图形设计、产品设计、商业美术、电影产业、服务业等学科的内容。因而，与交互设计相关的产品类型有以下几种。

1.在硬件（机）上使用，产品设计里的易用型设计

设计师在设计产品过程中，除了通过对产品功能、结构等客观条件的把握和分析，运用一定设计原则进行最优化设计之外，还有相当一部分艺术设计的特征，而这部分是设计者无法用明确的设计原则来解释和说明的，它更多地涉及设计师创作过程中对人性潜意识的感知。而人性的潜意识是极其复杂的，它受到多种因素的影响和制约，如人的先天特性、原生家庭，以及他所处的社会环境等，如图 5-36 所示。

潜意识三要素	行为动机
1. 感知 2. 记忆和习惯 3. 场景和环境	1. 感官刺激 2. 重复、一致性 3. 相似、关联性

图 5-36 潜意识三要素影响人的行为动机

如何基于交互设计的内容进行易用型产品设计，将从以下四个方面展开。

（1）感官交互

有研究发现，决定是否注意并储存感官信息的是大脑中的海马区，海马区喜欢鲜明跳跃的信息，所以响亮的声音、绚丽的色彩、粗糙的表面，要比柔弱的声音、素淡的色彩和光滑的表面更引人注意。比如，要表现与速度相关类似感觉时，在产品造型上采用流线型的设计，往往能让人感受到强烈的速度感。因而，有效地增加感官刺激能使人们体验更加鲜明，产品更容易被感知，从而促进产品与人之间的互动与交流。

（2）记忆和习惯

特定的元素和场景能够唤醒潜意识，而行为习惯是潜意识最大的表现之一，重复操作即形成习惯，如人们看到门会去推；而看到按钮会去按，这些都是潜意识作用下根深蒂固的行为习惯。在交互过程中，激发用户潜意识的行为习惯主要有两种方式。

其一，是让交互符合用户固有的、本身的行为习惯。

其二，是通过不断地增加重复的模式培养用户的习惯，增加对产品的熟悉和依赖感。例如，深泽直人为 MUJI 设计的电饭煲，电饭煲的盖子为扁平样，并增加了一个放饭勺的隔挡，让饭勺的头部免于直接接触到盖子顶部。盛饭后顺手即可把饭勺放置在电饭煲的上面，确保与食物接触的部分不会触碰到任何东西。电饭煲并没有去刻意介绍隔挡的作用，而是让使用者在无意识中理解和接受物品的使用方法。

（3）场景和环境

深泽直人曾说过这么一段话："在日本，物与环境之间的关系比物体本身更重要，物体是一种和谐的一部分，我开始停止构想仅仅是有趣的外形设计，而去考虑物体之间的关系。"这就是无意识设计时的核心关注点：设计师在为用户做设计时，需要思考物品之间的关联性，并把注意力更多放在产品与环境之间的和谐上。

2. 在软件（界面）上使用，完成 UI 设计里的重要设计

（1）界面产品的功能性

产品的功能性就是要确保该产品能够正常地完成工作。如果一个事物连最基本的功能都无法正常使用，那么设计的美观也就成了"空中楼阁"。所以，从功能性开始进行可用性的研究是最好的选择。就网站而言，用户对网站的基本需求可以概括为三个功能：快速的链接；灵敏的网站导航；网站的处理速度。

（2）界面产品的响应性

可感知的反馈是有效沟通的关键部分，对良好的可用性来说也是如此。如果界面产品的响应机制不合适，或者完全缺乏响应机制，那么就会出现可用性的问题。响应性的要素可以划分为三大类。

首先，是邀请技巧：吸引眼球的动作，表明会有好事发生的信号。

其次，是转换技术：立即回应用户所做的事情。

最后，是响应机制：指的是用户完成一个主观行动后，所发生的事情表明用户操作后的状态。网络环境中的响应机制反馈有很多，如加载中图标、iOS 的菊花转、谷歌的旋转图标、Apple 的旋转沙漏光标。

（3）界面产品的便捷性

便捷性的定义是让人感到舒适自在，触手可及。数字产品的便捷性体现在使用这个产品的过程中，即产品让用户感到舒适自在，使用产品能够轻松地解决用户想要解决的问题。

（4）界面产品的人性化

屏幕信息有时候会需要用户作出选择，甚至那些需要点击"确定"的信息也会让人们考虑自己需要认可的内容。因此设计师在设计这些提示信息时，需要问自己一些问题：用户是否知道为什么会出现这个信息？用户是否足够理解这个提示，并且作出正确的决定？提示中信息是否有用，会不会让用户困惑？用户是否理解做完决策的后果……如果所有的答案都是否，那么就得修改提示信息或者考虑更改设计，去掉这个提示信息。

如果要保证产品／系统的简单易用，就要确保以下几点：为用户提供多种响应方式；提示信息要清晰简洁；准确区分提示和警告；不要妨碍用户去完成任务；为用户提供认知线索，正确引导用户使用产品；确保用户随时随地获取所需要的信息。

三、交互设计流程与模式

1. 交互设计线路

交互设计公司总裁艾伦·库珀在 IDEO 工作期间曾提出目标导向设计，该方法给设计师提供了一个研究用户需求、交互设计和用户体验的操作流程，如图 5-37、图 5-38 所示。该设计流程可以分为五个阶段，即同理心（理解用户）、观察和发现需求、形成观点和创意、原型设计和产品检验。

图 5-37 交互设计线路

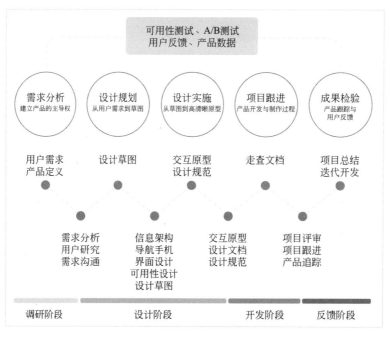

图 5-38　目标导向设计流程

在工作中产品设计与用户研究往往相互迭代，交替完成，由此推进产品研发的正循环。在规划新产品、新功能时，设计师必须回答三个问题：用户是否有需求；用户的需求是否足够普遍；提供的功能是否能够很好地满足这些需求。因此，需求分析、设计规划、设计实施、项目跟进和成果检验不仅是多数互联网公司和 IT 企业的产品研发流程，其中的用户研究、原型设计、产品开发、产品测试和用户反馈也是交互设计所遵循的方法和规律。

2. 交互设计流程

（1）明确用户需求

发现用户需求的方式有很多种，如可以在用户反馈里收集到用户提出的想法，设计师也可以主动去观察一些生活中的信息。以网页的隐形加载机制项目为例，有很多用户反映，他们有时会因为网站的图片太多或太大，导致网站页面加载慢，同时在加载的过程中页面显示空白，所以用户们希望能被提供一个专业的隐形加载机制功能，能够帮助他们有效地展示页面的显示情况。确认了用户的这一需求，产品同事就会组织用户调研，确定产品的目标用户。用户调研组会通过问卷调查等方式尽可能多地收集信息，交互设计师也会参与分析调研，组织会议帮助用户调研组完善信息。在这一步中，设计师的目的是要知道用户想要什么。通过这些步骤可以提炼出一些最重要的功能需求。

（2）提出设计方案

通过调研能够得到大量数据信息，并建立明确的需求，在此之后就是开始提出设计方案。在这个阶段设计师要进行一些概念设计，设计者需要赋予设计方案一个概念，如日程管理，它是一个专业的日程管理功能，通过使用它，可以有效地管理自己每天的日程和时间，以此提高工作效率。

（3）制作设计原型

制作设计原型，也就是常说的交互稿，区别于做设计方案时的初稿，这份交互稿需要尽可能细致地把流程和具体操作形式表达出来。考虑到交互设计工作是一个不断迭代的过程，设计者一般会在设计稿的首页为设计的产品做一份交互更新日志，记录下交互更新时间、版本名称、更新类型、更新内容、参考需求文档与交互负责人。这份更新日志的意义在于：记录更新时间，便于全程跟踪记录项目，掌握每个时间点；记录版本名称，便于项目参与人员查找上一版本的交互稿；记录更新类型，了解每次更新需求的性质；记录更新内容，清晰呈现每一次更新的内容，并提供一个直接去到更新页面的链接，这样在进行迭代时设计人员不用一页页去寻找更新点；记录参考需求文档，便于项目参与人员查找对应的需求文档；记录交互负责人，方便工作交接。

（4）制作交互设计说明

交互说明书在整个设计过程中只占用小部分的工作量，但是却有着不可或缺的重要作用，它能够帮助设计者减少沟通成本，辅助交互稿描述设计理念，表达交互流程，更细致地展现设计。与做设计稿不同，交互说明这部分工作，需要设计师更多地了解它说明的对象，即产品经理、视觉设计师、开发人员的需求，从而达到真正的"辅助"效果，而不是盲目凭自己主观的想法去长篇大论。以下是对于交互说明的一些要求：交互说明最好是图文并茂（所有部分）；页面跳转的说明（产品、程序）；交互说明能否考虑与产品需求文档结合（产品）；对交互稿中不明显的交互动作或隐藏的设置项作说明（产品、视觉、页面构架）；产品风格定位（视觉）；极限状态（前端）；异常／出错情况说明（程序）；用户测试与评估。

四、交互设计的相关内容

1. 产品交互设计的要素与方式

交互设计的思维方法建构于工业设计以用户为中心的方法，同时加以发展，更多地面向行为和过程，把产品看作一个事件，强调过程性思考的能力，流程图与状态转换图和故事板等成为重要设计表现手段，更重要的是掌握软件和硬件的原型实现的技巧方法和评估技术。

（1）交互设计的五要素

围绕交互设计的要素，业界、学界中不同的人有不同的认识，其中，大卫·贝尼昂在其著作《交互系统设计》中提出四个要素：用户、场景、行为和技术，这也被称为

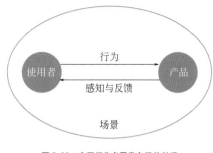

图5-39 交互行为各要素之间的关系

PACT（People，Activity，Context，Technology）四要素。在贝尼昂的理论中，用户是交互系统的核心，特定情境下的用户行为向技术提出了要求，也受到技术的限制，而技术进步也在不断地改变用户行为，为用户更广阔的行为提供机会。而国内业界和学界则普遍认同，交互设计由五要素组成，即使用者、媒介、场景、目的或目标、行为。交互行为各要素之间的关系如下（图5-39）。

① 使用者。使用者也即用户，这是交互设计的核心，任何一种交互设计目的都是为了满足使用者的目的，符合使用者的操作习惯。产品立项后，需要确定产品定位，从不同渠道去收集目标用户的需求，筛选需求，确定需求优先级。

② 媒介。这是用户与可操作的物体之间沟通的介质。比如，用户要和另一个人沟通，那就需要使用手机，手机就是媒介。

③ 场景。用户操作媒介所处的特定环境就是场景。不同的场景会影响到用户对媒介的使用，场景可以分为组织场景、社会场景、物理场景和行为场景。组织场景主要涉及业务或者服务方式、服务流程。社会场景是指使用者在社会环境中与他人组成的环境关系。物理场景是指用户所处的实际空间环境。行为场景是指活动发生的基本外界条件，包括时空条件、物质和社会环境等。

④ 目的或目标。目的是用户使用媒介所希望达成的预期。交互设计的目的就在于满足用户的预期，让其可以顺畅地在交互系统中达到自己的目的，并持续保持这类行为。交互设计师再根据不同的目标去设计相应的行为路径。

⑤ 行为。这是用户操作媒介的动作行为和对产品的反馈行为。交互设计需要考虑到行为的开始、过程和中断等，使行为符合用户的操作习惯。针对某一产品的设计工作，在设计之初，通过研究分析该产品的交互要素，可以得到不同角度的用户需求，设计师再有针对性地提供解决方案，使产品真正做到为用户服务。

（2）人机交互的基本方式

人机交互的过程可以细分为输入、输出两个过程，人和机器都具有多种多样的输入、输出形式，这些输入、输出形式按照一定逻辑组合配对，自然就形成了各式各样的交互方式。

① 动作交互。动作交互是应用最早的交互方式，从早期的打字机键盘、遥控器按钮依靠手指点击，到现在的智能手机、平板电脑，都是记录手指的手势完成的交互。

② 语音交互。在语音交互的产品中，人们可以与产品进行自然语言的交流，产品不再是一个冰冷的物体，产品更加拟人化，能够与人进行平等的对话，消除了技术与人们之间的距离感，更能激发人使用产品的兴趣。目前，语音识别技术已经被应用于呼叫路

由、家庭自动化、语音拨号及数据录入等服务。

③ 图像识别技术。图像识别技术是人工智能的一个重要领域。它是指对图像进行对象识别，以识别各种不同模式的目标和对象的技术。

④ 虚拟现实交互。虚拟现实（Virtual Reality）也称为虚拟技术、虚拟环境，是 20 世纪以来发展起来的一项全新的实用技术，是利用计算机模拟产生一个三维空间的虚拟世界，提供用户关于视觉等感官的模拟，让用户感觉仿佛身历其境，可以即时、没有限制地观察三维空间内的事物。

⑤ 增强现实交互。增强现实（Augmented Reality，AR）是一种实时地计算摄影机影像的位置及角度并加上相应图像的技术，最早于 1990 年提出。它包含了多媒体、三维建模、实时视频显示及控制、多传感器融合、实时跟踪及注册、场景融合等新技术与新手段，能够将计算机生成的虚拟物体或关于真实物体的非几何信息叠加到真实世界的场景之上，实现了对真实世界的增强。

2. 交互设计的目标

设计产品的出发点是解决用户的困难、满足用户需求，在这方面，交互设计有完善的评价标准。将交互设计理念引入工业设计中来，设计目标大致可以分成两类：可用性目标和用户体验目标。

（1）交互设计提高设计的可用性目标

可用性目标是从产品的使用层面上来评估设计的易用程度，产品越易用，说明产品的认知效率越高，高可用性产品往往具有以下五个基本特征。

① 产品的有效性。产品的价值在于产品具有的特定功能，功能的有效性对用户而言至关重要。产品是功能的载体，是功能的实体化，生产产品的首要目的是为了满足人们的需求，为人们解决日常生活中的实际问题，所以产品功能的有效性是衡量产品可用性的重要指标。

② 产品的易用性。产品的易用性体现在产品能够被大多数人所使用，这里的大多数人并非指整个人群中的大多数人，应该是产品的目标用户中的大多数人。

③ 产品的易学性。产品的易学性体现在新设计产品与原有产品有继承关系，符合用户心目中已形成的对产品的固有概念，让用户可以用原来的知识结构来认知新产品。

④ 产品的易记性。产品的易记性是指用户学习过并能正确使用产品后，搁置使用一段时间后，还能正确地使用产品。

⑤ 产品的容错性。产品的容错性是指产品能够有效避免用户出错或者在用户出错后，不能对用户和产品产生危害。

（2）交互设计提高设计的用户体验目标

用户体验目标是从用户主观感受的角度来评判设计的趣味性、情感性和人性化，产品带来的情感体验越丰富，用户体验也就越好。用户体验目标的达成可以分解为五个基本方面。

① 感官体验。针对用户的视、听、触、味、嗅的五大感觉器官，力求达到完美的知觉体验。这是提高产品用户体验最直接、最容易被用户感知的方式。以视觉体验为例，产品的视觉体验主要是基于产品形态和色彩搭配来表达，产品的形态不再只是对使用功能的表达，更多的是表达对人的精神体验功能，追求的是形神兼具。

② 情感体验。关注于用户内在情绪的激发和内心情感的创造，使产品与用户产生情感上的共鸣。产品作为设计师与用户的交流媒介，是可以用来传递设计师的情感的，这时产品就脱离了"物"的范畴（图 5-40），变成了具有七情六欲、可以与用户进行情感交流的"人"，用户的情感体验就会如约而至。

③ 思考体验。通过出人意料的新方法将旧问题融入产品之中，引起用户的分析与思考的兴趣，为用户带来解决问题的全新认知体验。用户获得思考体验的关键在于，产品解决问题的方式是全新的，用户不曾接触过的。戴森无叶片风扇（图 5-41），创新地将空气干手器的原理应用到风扇的设计中，压缩空气经过扇头吹出，不经过叶片的切割，能够提供更加平稳、持续的凉爽。因为它的出现，彻底颠覆了用户对于风扇必须有叶片的原有认知。

图 5-40 洛可可"高山流水"香座

图 5-41 戴森无叶片风扇

④ 行为体验。需要用户的亲身参与，在与产品的互动中来了解产品的功能和特色，产品所包含的体验都必须由用户的行为来激发，如果单单依靠观察的话，很难发现它们的设计精髓，必须要用户亲身使用后，才能体验到产品的情感价值。YUUE 工作室曾设计了一款相框 Tangible Memory（图 5-42）。当它被放置一段时间后，相框的表面会逐渐变得模糊而掩盖了内部的照片，如同人们对于照片中所经历的美好时光的记忆会随时间被遗忘。但当人们用手触碰相框时，它的表面又会重新变得清晰，通过拿起照片观看这一行为交互，加强了人们对于照片内过去场景的回忆。

⑤ 关联体验。强调感官、情感、思考、行为体验的关联性，关联体验是前四种体验

的有机聚合（这里的有机聚合并不是说一定是全部四种体验的聚合，也可以是其中的两种或三种），并更多地与哲学、文化等产生关联，引导用户产生丰富多彩的联想。

图 5-42　Tangible Memory 相框

3. 交互设计的要点

（1）交互设计中的视觉感知

视觉是人类认识自然、了解客观世界的重要手段，同时也是理解人类认知功能的突破口。当人们开始观察外界物体时，视觉系统将刺激以图像的方式传递到大脑，并通过大脑的视觉皮层区域控制人眼的运动来表达对图像的兴趣，这一过程被称为视觉感知过程。而在这一过程中用户会经历六个心理流程（图 5-43）。

图 5-43　视觉感知过程的六个心理流程

人机交互界面中用户的视觉感知过程遵循着视觉感知过程的规律，即眼睛运动获取界面信息粗略特征图，并将其传递至大脑，根据注意力的需要，大脑加强与目标相关的信息并抑制不太相关的信息，指引眼睛关注目标的潜在区域，并进一步构建详细的特征图，通过对界面信息连续的选择与过滤，用户最后锁定目标获取所需信息。如何通过界面元素间的位置关系引起用户注意，从而快速有效地感知并获取目标信息是界面设计的重要方面。从设计角度来说，应当使设计内容容易被发现、容易被识别。人机交互界面的空间呈现尽管有限，但也会包含复杂的视觉信息：亮度要素、图形要素、色彩要素、布局因素、信息量的拥挤程度等。

① 亮度感知。人机交互界面中各种信息的呈现，首先依靠的是显示屏的亮度，因此亮度是界面元素的重要属性之一。用户是从界面的明暗变化中识别出有关目标的信息，

即只有从整体目标的亮度感知中才能识别出有意义的实体。研究表明色彩组合与亮度对比具有显著的交互作用。在较高的亮度对比条件下，用户更倾向于选择不同的色彩组合；而在较低的亮度对比条件下，亮度对比要比色彩组合对视觉感知具有更重要的作用。

② 色彩感知。在视觉感知的诸多影响因素中，色彩的作用非常突出。色彩具有三个基本属性：色相、明度、饱和度。在用户界面的设计中使用色彩要谨慎，设计应该首先考虑单色，在白色背景下的黑色图案或者在黑色背景下的白色图案通常适用于大多数的用户。合理的颜色搭配不仅能够提高界面信息的认知效果，还能够丰富界面的层次。

③ 空间感知。空间感知又称为深度感知。在人机交互界面中设计者希望能产生尽可能多的深度信息，因为在人机交互界面中图像是眼睛和大脑的注意焦点。如果破坏了深度信息，也就丧失了真实感。

（2）交互设计中的情境认知

情境认知是对周围发生的事情感知和了解的意识，是对事件和行为产生影响的目标宗旨。拥有完整、准确和及时的情境认知对于人机交互界面系统的用户来说每分钟都是必要的。情境认知主要包括四个阶段。

① 感知阶段。影响用户感知的直接因素：视觉感知、对象识别、知识认知、环境感知。从人机交互界面构成要素入手，以适合读取、便于记忆的方式进行设计。例如京东的企业注册，信息清晰易读、获取焦点时有规则提示、顶部有任务进度相关的提示。在这一过程中需要注意：首先，要减少无效信息显示；其次，确保信息的清晰易读，对重要信息有一定的提示；最后，提供与情境任务相关的重要信息显示。

② 理解阶段。影响用户理解的直接因素：记忆、图示和认知偏差。要求人机交互界面提供与任务情境相符合的认知模式，帮助用户正确理解当前情境。首先需要提供与情境相关的信息，支持并引导用户在各种情境下的正确认知；接下来要设计界面的应急机制，能够警告和提示错误；最后需要注意的是界面逻辑层次简单，提供快捷便利的操作方式。

③ 预测阶段。影响用户预测的直接因素：推理、记忆和认知偏差。要求人机交互界面提供能对任务情境进行预测的认知信息，帮助用户正确预测将要发生的情况。例如某网站在项目中针对失败情境的设计，告知用户造成失败的可能原因，并且提供了两种解决方式，解决方式在原因中也做了说明。一种是要对将要发生的具有确定性的情况向用户说明；另一种是对不确定的情况尽可能地提供给用户解决方案。

④ 用户内在因素。间接因素主要包括：决策、内在能力、经验、情绪。显示交互界面构成要素的合理性和科学性，是利用外部手段改善情境认知情况的关键因素。为了能切实改善用户情境认知情况，首先要求对显示界面构成进行分解，通过各种设计手段使其与情境认知要素进行匹配，使界面能够提供最优的可视化信息，提高用户对信息的识别、认知和处理效率。

4. 交互设计的系统化

（1）信息交互设计——具备系统化认知特点的设计领域

① "信息"与"交互"的含义。信息既广泛地存在于自然界当中，同时又是以信息化产品（包括硬件、软件、系统和服务）作为媒介进行传播的独立对象。而不同于"信息"的名词属性，"交互"是一个动词，代表了一个系统中信息互相联系，尤其是之后的信息关联之前的信息的解释程度。"信息交互设计"实际上是一个具备系统化认知特点的设计领域，是三个设计方向的交集，即信息设计、交互设计、感知设计。信息交互设计是关于人工物的研究，主要研究内容包括新一代自然和谐的人机对话模式、沟通语言设计、产品设计原理、信息服务程序、软件应用方式、无界面设计技术、人工智能思维方式和信息操作原理等。研究成果不但可以直接应用于信息交互产品设计、动画及数字媒体设计、游戏设计等领域，还将进一步深化不同设计领域的交叉应用与融会贯通。作为一门具有很强社会应用性的设计学科，信息交互设计可以实时反映出信息技术发展的成果与信息应用的趋势，从而创新性地促进人与外部世界之间的沟通。

② 信息交互设计的构成体系。

a. 信息设计。"信息设计是对信息清晰而有效的呈现。它通过一种多学科和跨学科的途径达到交流的目的，并结合了平面设计、技术性与非技术性的创作、心理学、沟通理论和文化研究等领域的技能"，是关于如何定义人造物、环境和系统（如产品）关系的行为与规划。信息设计的功能表现在可以将较为复杂的原始数据转换成二维形式呈现给用户，更加方便于信息的交流、记录和保存，是一个对于信息从宏观到微观的策划过程。

b. 交互设计。交互设计的目的是让产品与用户的交互过程能够更加简单顺畅，形成用户与用户之间更有意义的交互性交流。交互设计的重点是如何确定用户的需求，从技术层面解决用户的需求从而为用户创造愉悦的用户体验，而不仅仅只是满足易用性。

c. 感知设计。"信息交互设计"之所以与已经成为设计热点话题的"信息设计"与"交互设计"有一定的区别，是因为信息交互设计特别强调了设计过程及设计结果对于用户本能、用户需求、用户心理等感知层面等因素的关注，即"感知设计"（图5-44）。

图 5-44 感知速度对设计的影响

如何正确思考并把握住用户的心理感知过程，抓住用户的感知意向（比如用户的第一感觉、用户欣赏特点认知），并且能够将这些信息转化为合情、合理、合适的设计元素进行表达，准确而高效地反映产品的用途、主要功能和操作模式，使设计出来的产品与用户的感知意向模型相对吻合，是设计师在感知设计过程中面临的重要挑战，如图5-45所示。

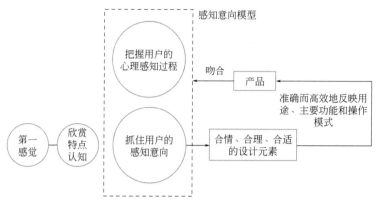

图 5-45 感知设计重点

③ 信息交互设计系统模型的构建。

a. "境人技物"的信息交互设计系统模型。"境人技物"的信息交互设计系统模型中

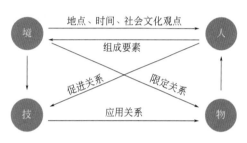

图 5-46 信息交互设计系统模型的构成关系

（图 5-46），是以信息交互设计方式作为系统的界面："境""人"构成了外部环境，即发生信息交互设计活动的外部环境；"技""物"则构成了内部环境，包含了信息技术的发展与应用、产品的概念设定与细节特征等。一方面可以通过"境""人"的了解，来宏观性地把握信息交互设计的方向；另一方面可以通过"技""物"的组织与表达，来微观性地把握信息交互设计方式的实现。

b. 信息交互设计与境的关系。主要是指与社会环境的关系。现象学理论认为，环境并非抽象的地点，而是由具体的事物所组成的整体。围绕不同的信息交互设计活动，需要有不同的环境作为基础，以利于信息交互活动的产生。在信息交互设计系统模型中，环境将产品（显性的存在）、用户（知性的存在）和文化（隐性的存在）很好地结合在一起。

c. 信息交互设计与人的关系。主要是指与设计所面向的用户的关系。从"为他人设计"到"协同他人设计"是信息交互设计与其他设计最为与众不同之处，用户在某种程度上甚至决定了信息交互设计的发展方向，未来的用户将成为设计的参与者、合作者，最终成为设计的决策者。

d. 信息交互设计与技的关系。主要是指与信息交互设计活动所处时期存在着的信息技术的关系。信息技术将是促进信息交互设计进步的关键因素，为预测信息交互设计的未来发展趋势提供了可能。

e. 信息交互设计与物的关系。主要是指具体的信息交互设计的过程与结果的内在转换关系，其实质是一种内部约定的联系。信息技术的发展已经赋予了物的多样性形式（物质与非物质），但从人工物的角度而言，信息交互设计的功能体现或者方式显现，大多是通过"物"为载体来实现的。若用一句话来概括"境人技物"信息交互设计系统模型的特点（图5-47、图5-48），即环境限定之，用户提议之，技术研究之，造物适应之。

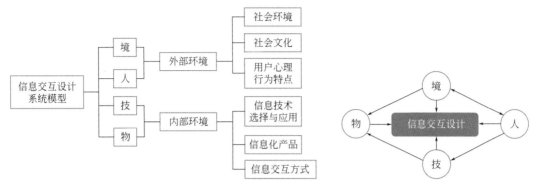

图 5-47 "境人技物"信息交互设计系统内外部环境关系　　　　图 5-48 "境人技物"信息交互设计系统模型

（2）交互系统设计特征——产品设计的新视角

a. 多学科融合。交互系统设计是在人机交互基础上发展起来的一个新兴学科，其理论基础涉及社会学、人类学、心理学及信息科学、工程学等，相关交叉学科领域包括人机工程、认知工程和信息系统等。

b. 跨领域设计团队。交互系统设计是一个团队的行为，是由具有不同专业背景、不同经历和不同领域专家组成的设计团队，共同保证交互系统设计取得成功。

c. 以人为本。交互系统设计有别于工艺品设计和工程设计。产品的交互系统设计关注的是通过使用产品创建新的用户体验，是人类交流和交互空间的设计。

交互设计是如今设计领域的研究趋势之一，为了更好地理解交互设计与系统整合创新之间的内容关系，本节的设计训练将在前期对交互设计的基本概念、内容及其应用的领域和流程、模式的理论分析的基础上，以实践案例来说明交互设计与系统整合创新之间，交互设计内容与用户及系列产品之间的相互依托关系，以加深对交互系统整合创新设计的理解。

设计训练二：基于阿尔茨海默病交互行为的手指康复训练产品设计

设计者：吴佩文　韩沐洲　黄利婷　朱小林　指导老师：陈香

1. 研究背景及现状分析

我国阿尔茨海默病现状日益严峻，做好阿尔茨海默病的防治和养护，探索适合我国的护理至关重要。据有关权威研究机构的估计，2030年我国60岁以上人口将达4.09亿，我国60岁以上阿尔茨海默病人口将是2010年的2.8倍。阿尔茨海默病给社会医疗、个人家庭都带来了沉重的负担。

由于阿尔茨海默病发病的不可逆，目前对于阿尔茨海默病只可干预，无法治愈。对于阿尔茨海默病的干预手法主要是药物干预和认知刺激（Cognitive Stimulation Therapy，CST）。相对而言，认知刺激疗法更适合初期阿尔茨海默病患者。

2. 实地调研与用户定位

实地调研主要去了无锡市康复医院、无锡精神病防治康复技术指导中心和扬名幸福颐养院。调研方法为访谈法和观察法。在康复医院，设计团队采访了康复中心的工作人员，了解了阿尔茨海默病恢复的情况及现在的一些康复手段和器械；在无锡精神病防治康复技术指导中心，设计团队与门诊专家进行了深入的沟通，了解了阿尔茨海默病的就诊和治疗相关的内容；在扬名幸福颐养院，设计团队从护工处了解到了患阿尔茨海默病老人的生活状态，并深入接触了数名较为健康的老人的真实情况。经过此次调研，设计团队对患阿尔茨海默病老人有了一个较为全面的了解，并对所设计的产品提供了直接的帮助。

通过实地调研和网络调研两者的结合，以及前期对市场上阿尔茨海默病产品的问题总结，得出以男女阿尔茨海默病患者为中心的利益相关者，即老人、子女、护工、临床医生、精神病专家及院长（图5-49），并建立相应的用户模型（图5-50）和用户旅程。

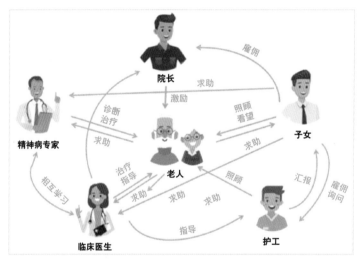

图 5-49　利益相关者分析

图 5-50　建立用户模型

基于以上的利益相关者分析及所建立的用户模型，再到用户行为的旅程图的构建，用故事分析法对以上人群的日常行为的问题点进行梳理工作，为下一阶段的产品设计实践做好前期的基础准备工作（图5-51）。

独居老人常常感到孤单

音乐是老人的社交方式，比如一起唱歌演奏

老人喜欢在公园晨练，傍晚散步，注重运动健康

能力退化让老人感到很沮丧

老人会查阅健康方法，但容易被误导，难以正确掌握

老人拒绝去医院，不希望被当作病人，老人和子女沟通有障碍

图 5-51　故事分析法

3. 产品设计实践

在基于用户行为交互的研究基础上，分别设计手指训练琴、手指训练球、八音筒、八音手柄等系列产品帮助患阿尔茨海默病用户进行干预手指的训练（图5-52、图5-53）。从形态上，该系列设计采用流线型的形态语言，符合人机工程学的同时极具美感；从色彩上，该系列设计采用黄色和灰色，突出温暖的情感价值；从材质上，设计团队采用硅胶、布料、亚麻布等材质，带给用户不一样的质感；从功能上，针对用户的不同行为分别设计不同的训练器，如手指训练琴、手指训练球、八音筒、八音手柄等。

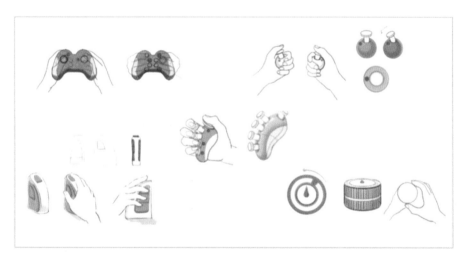

图 5-52　草图绘制

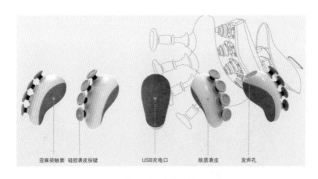

亚麻接触面 硅胶表皮按键　　USB充电口　　肤质表皮　发声孔

图 5-53　产品效果

① 手指训练琴。此产品可单手操作，也可双手各一使用，有四个按键，每个对应一个发光点，一共四个。产品开始演奏音乐，与此同时其中一个发光点将会亮起，正确按下发出正确声音，如果出现错误，音乐节奏声音也会发生改变。此产品适合双手不同步训练、手指敏捷训练、反应力训练（图 5-54）。

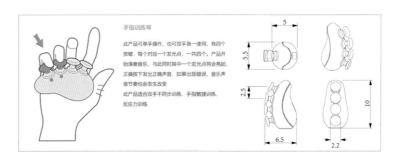

图 5-54　手指训练琴（单位：cm）

② 手指训练球。此产品可单手操作，也可双手各一使用，按键上有四个方向，分别是前、后、左、右；双手使用形成八音。每个对应一个发光点，一共四个。产品开始演奏音乐，与此同时其中一个发光点将会亮起，按按键倾向那个方向音乐将会继续演奏，如果出现错误，音乐节奏声音也会发生改变。此产品适合双手不同步训练、反应力训练，方向感训练（图 5-55）。

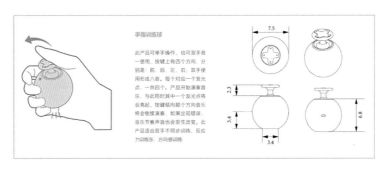

图 5-55　手指训练球（单位：cm）

③ 八音筒。此产品需双手操作，握住下部分，上部分的指针将会向八个方向随机运动，而与此同时将会亮起一个发光点，将指针与发光点对齐音乐将会继续演奏，如果出现错误，音乐节奏声音也会发生改变。此产品适合手腕训练、手指敏捷训练、反应力训练、方向感训练（图5-56）。

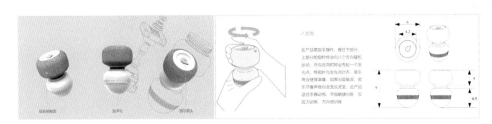

图 5-56　八音筒（单位：cm）

④ 八音手柄。此产品需双手操作，每个按键旁边对应一个发光点，一共八个。产品开始演奏音乐，与此同时其中一个或者多个发光点将会亮起，依次按下音乐将会继续演奏，如果出现错误，音乐节奏声音也会发生改变。此产品适合双手不同步训练、手指敏捷训练、反应力训练（图5-57）。

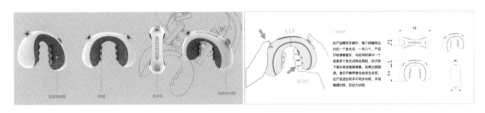

图 5-57　八音手柄（单位：cm）

4. APP 设计

APP 分为辅助者端和老人端，老人端只有两个层级，保留最主要功能，便于老人使用。该 APP 具有以下功能。

① 手机 / 绑定。用户可以扫描包装盒上二维码直接注册登录，也可以用手机免密码登录。登录后辅助者马上绑定老人。一个辅助者可以同时绑定多位老人（图5-58）。

图 5-58　"手机 / 绑定"和"老人数据 / 社区"界面设计

② 老人数据 / 社区。辅助者可以查看老人的测试数据，根据数据，软件给出训练建议。可以去社区查看医生建议，讨论热门话题，查看其他辅助者的照顾经验贴（图 5-59）。

图 5-59 "游戏音乐 / 远程下载 / 通讯录" 和 "手机 / 测试" 界面设计

③ 游戏音乐 / 远程下载 / 通讯录。辅助者可以远程帮助老人下载游戏和音乐。可以加社区中的医生、患者子女等为好友，在通讯录查看。

④ 手机 / 测试。用户可以扫描包装盒上二维码直接注册登录，也可以用语音识别登录。登录后老人先观看使用指导，后进行测试，并将测试的结果对老人进行反馈，其反馈数据可同步到辅助者手机。

⑤ 音乐 / 游戏 / 乐器。老人可以玩游戏，演奏乐器，以趣味的方式进行训练。

⑥ 远程求助 / 通讯录。老人可以一键求助辅助者，通讯录中辅助者在最顶端，方便老人查找。对话框以语音对话为主，符合老人使用。

第三节　体验系统整合创新设计

一、体验与体验设计的概念

1. 体验的概念

体验一词的字义源于拉丁文，意指探查，试验。在《现代汉语词典》中，体验的意思是"通过实践认识周围的事物，亲身经历"。在《牛津英语字典》中，体验的定义是：从做、看或者感觉事情的过程中获得的知识或者技能；某事发生在你身上，并影响你的感觉。假若你经历某事，它会发生在你身上或者你会感觉到它。在分别经历了农业、工业、服务等经济以后，社会正在朝着新的阶段——"体验经济"发展，用户的审美趋向、消费方式也在不断地变化。在"体验经济"时代，用户的消费心理和消费方式更加趋于合理、高级。用户越来越渴望得到体验，不仅仅是生理上，更在于心理上的高层次体验。

体验的基本形态如下。

① 潜意识体验。潜意识体验是指那些已经发生但并未达到意识状态的心理活动过程，包括一些神经性的本能反应和没有觉察到的下意识，它影响体验的方式是最快速与坚决的。

② 有意识体验。有意识体验是指那些能够以特定的传递方式进入人的意识层面，并能让人对原体验清晰感受到其存在的情况。

③ 无意识体验。无意识体验是指通常情况下根本不会进入意识层面的感觉，但无意识并不是真正意义上的没有意识，而是通常指一些内心深处被压抑的欲望、秘密，或者知道自己需要某些东西，但还没有意识到自己到底想要什么等，指那些曾经一闪而过的意识体验。

体验具有具身性，是强调个体从身体角度出发来感知世界、认识世界。因此在体验活动中产生的所有生理变化、情绪起伏、行为方式及思考反思，都是体验产生的驱动因素。体验的感知是人脑内的感情信息与认知的高级功能相联系而产生的，是一个知情合一的过程。在这过程中，认知是情绪产生的起点，情绪是认知的反应，二者构成了体验外化的重要形式之一。有研究表明，人类心智的知情模型是建立在序列事件的基础上，"人类认知是经由感觉器官去吸收信息，再由一些认知组构单元去了解、处理、储存、回收，然后利用得出的信息结果解决现实问题的一系列心理过程"。

2. 体验设计的概念

（1）体验设计与设计体验

体验设计是将用户的参与融入设计中，是企业把服务作为"舞台"，设计作为"道具"，环境作为"布景"，使用户在过程中感受美好体验的设计。体验设计是设计概念在信息时代及体验经济形态下的一种升华，如同绿色设计一样，是在一种新的经济形态背景中萌生出来的新的设计观与新的设计方法和设计理念，它更强调设计能够给使用者带来情感上的交融，引发深刻的体验。体验设计的设计本质广泛地存在于所有不同的设计领域中。

① 设计师的设计体验。设计师的设计体验也分为两个层面。第一，外观功能体验预测。外观功能体验预测是设计师对用户有关产品外观形象、实际功能需要所思、所想、所感的一个预估计，站在用户的立场上去感受，去体验，并将这种体验凝练成设计的目标，去追求和实现。在此层面上的设计体验，往往更加真切，针对性强，能给予用户以直接需要的满足，也就是平常设计者所说的投其所需，投其所好。第二，需求体验预测。需求体验预测是设计师对用户潜在的需求进行高瞻远瞩式的预感受和预体验，并将这种体验化作创新设计的目标，去追求和实现。处于此层面的设计体验虽有些间接，然而一旦被用户所体验，随之产生的感受是深刻的、鲜活生动的、持久的，其原创性相对也是

更高的。

② 体验设计与设计体验两者间的互动关系。体验是两者共同拥有的基本特征。"体验设计"和"设计体验"，两者处于不同的侧面，却反映出双方共同拥有的主题——体验。这说明体验对设计的重要性，它是设计者与用户彼此沟通的基础和桥梁。创作要深入实际，体验生活，而当下将其提升为"体验式设计"，有着深刻的意义。其核心理念在于：强调以人为本的设计思想；超出以往感性设计的模式，主动挖掘先于设计的设计点；追求尽可能最大限度地调动受众的热情和对品牌产品的忠实度。两者间存在的互动关系，当双向体验对位时，会在设计师与用户之间产生一种共鸣的效果，这种共鸣，极有可能导致用户的购买行为。

（2）体验设计的层次划分

依照用户体验设计过程，可对体验设计进行层次划分（图5-60）。将设计体系分为外观层、交互层、结构层、功能层和战略层五层。其中战略层是基础，用于确定用户目标及系统定位；功能层用于目标的细分，系统功能与特征的确定；结构层用来定义如何响应用户，如何安排资源布局，并突出和更新相关内容；交互层用于提供易理解的功能模式来实现系统与用户使用过程中的交互；外观层主要根据个人感官差异提供专门的展示效果。从外观层到战略层的划分是一种由下至上的系统构建，某一层面的选择需和上下层面一致，且每一层面上可用的选择需要受限于对下一层问题的分析。

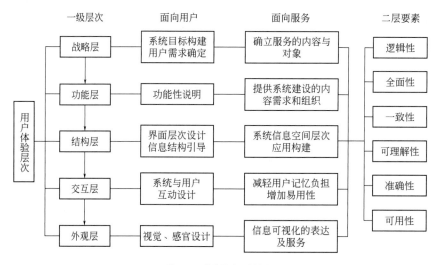

图 5-60　体验设计层次划分

① 外观层。外观层基于目标群体的心理模型及个人感观差异考虑界面效果制作，包括界面风格表达的一致性及色彩、文字、图片和布局等多种元素。

② 交互层。交互层设计的目的在于使用户能更简单便捷地使用系统，减轻用户的记忆负担，提供包括按键、列表、图片、文本的设置和优化等元素的引导和说明功能，清

楚的错误提示，准确、易理解的语言或图像说明，层次清楚的导航系统等。

③ 结构层。结构层确定系统的各种特征和功能组合方式，解决系统功能和信息的分布结构，区分各元素的重要程度，确定各导航目标设置，允许按需求进行有序的操作。用户在使用系统中经常通过目录体系和导航系统来选择和使用功能。结构层次的逻辑性和可理解性是方便用户的重要前提。

④ 功能层。功能层根据目标用户群的细分及相应特征和功能的确定来选择不同的技术手段，确保用户体验和系统信息资源组织与服务业务协调一致。用户往往趋向于使用功能完备的整合界面门户。

⑤ 战略层。战略层是整个界面设计的目标基础，包括对系统目标的支持，系统功能、系统内容与系统的整合，对用户对象需求的定位、用户期望等。

（3）体验设计的设计原则

① 换位思考。站在用户的立场去体会用户的感受，以用户的身份去理解用户的行为特点和差异。真正抓到用户的需求需要对用户的感受及观察有一个长期的过程，也需要有大量的用户行为数据，通过对数据的分析和研究才能更准确地掌握用户的行为，了解用户的真正需求。

② 去繁化简。设计的简洁类似于简约，并不等同于简单。去繁化简，让用户拥有更明朗的界面，操作起来更方便快捷，同时也可得到另一种美。

③ 引导用户。设计的产品如果有新增的工作或是特殊的装置，需要在设计上有一个提示的功能，让用户更快地掌握产品的功能性及操作方法。这样就可以使用户更方便快捷地通过产品达到需求。

④ 不断更新。用户的需求在不断地变化，设计手段也需要经常更新。随着生活中对工具应用经验的积累，以及社会经济、科技的发展，用户的需求在不断地发生改变，所以设计师不能以静止的眼光来看待用户。

3. 用户体验设计

"用户体验"是产品"市场调查"的一部分，而"用户体验设计"是基于"用户体验"结果分析基础上的"人性化设计"研究。它是以"用户体验"为前提，而不是以设计师的经验为前提，或者是以照搬现有数据为前提。在产品设计中实施"用户体验"，需要在可能的基础上通过模拟仿真、分解因素、多媒体等技术方法，让设计再次回到用户当中进行测评，通过实际"体验"测评结果再更正设计，最后再投入生产使用。

（1）产品用户体验的主体——用户

日常生活中，人们除了跟生命体之间的沟通，同时也会与人造物体进行接触。为了满足人类不同的需求，产品被源源不断地创造出来。而如今，人们的生活方式和喜好已经在引导着产品的设计方向，驱使着设计师设计出更便利更友好用好玩的产品。一件产品是否合格是否优秀，评判标准来自使用它的每个人。如果一件产品的操作过程让用户感到困惑，用户将拒绝使用它。

（2）产品用户体验的客体——产品

产品是因人类的生产生活需求而产生，而随着社会的发展、工业化程度的提高，产品系统逐渐完善。互联网的到来带领人们进入多元化时代，产品作为社会的产物，在满足基本功能需求的同时有了更多元的形态，开始引导人的审美观，改变人的生活方式。产品设计的关注点不再是产品本身，而转向了人们更高层次的需求，设计师则肩负起了更多的责任。产品体验并不是指用户体验蕴含在产品中，而是产品给用户带来刺激，产品是用户形成体验的诱发因。一件产品良好的用户体验从何而来，关键要看产品的某个元素是否碰撞到了用户心里的那个点。信息的收集固然重要，用产品的语言将它们表达出来同样重要。产品中优美的设计语言将使用户拥有更美妙的用户体验，这是产品被用户认可的关键因素之一。

（3）用户体验的营造者——设计师

从前期市场调研了解用户需求，定位产品，设计产品到后期产品投放市场，被用户体验，设计师一直担任着重要角色并肩负重任。要使设计的作品销量良好，是设计师的职责，与此同时，设计师还承担着更多的社会责任。因为设计是一种社会化行为，虽然设计源于人的需求，但在某种程度上，设计更影响和引导着人们的生活方式和观念。

二、体验设计的类型

体验一般都是用户对事件的直接观察或是参与造成的，不论事件是真实的，还是虚拟的。体验会涉及用户的感官、情感、情绪等感性因素，也会包括知识、智力、思考等理性因素，同时也可引起身体的一些活动。克里·史密斯、丹·哈努福合作著写的《体验式营销》中，将不同的体验形式称为战略体验模块，并将其分为六种类型：感官体验、情感体验、思考体验、行动体验、关联体验和混合体验。

1.感官体验

在设计产品感官体验时，可以从有形产品的基本要素、使用环境、体验的主题等来设计感官体验，营造独特的风格和主题，创造个性，给予用户视觉美的享受。感官体验要迎合人类的五种感觉——视觉、听觉、味觉、嗅觉和触觉。它的整体目标是利用感官产生享受、兴奋和满足的感觉。

（1）视觉体验

视觉捕捉产品的颜色、外形、大小等客观情况，产生包括体积、重量和构成等有关物理特征的印象，使观察者对物品产生一定的主观印象，黄金贵重的外表、钢铁结实的功效、铬钢精密的形象……所有这些理解都源于视觉，并形成体验的一部分。在视觉上，可以设计一些趣味性的形态来创造体验。趣味化的形态能够带来的幽默与滑稽，让人在情趣与韵味中释放生活精神压力。如图 5-61 所示的五彩斑斓的哮喘吸入器，作为随身携带的医疗设备，还具备超强的装饰功能，而且五彩斑斓的色彩的运用打破了以黑、白、灰为主要设计语言的现代主义设计传统，一改过去医疗设备一贯采用的形象。这款哮喘吸入器的设计极具感情色彩和表现特征的形态给人们的视觉带来了强烈冲击，开启了医疗机械设计的新方向。

图 5-61　五彩斑斓的哮喘吸入器

（2）听觉体验

产品通过听觉与顾客沟通，这是一种其他感觉所不能替代的方式。正常的声音能传递一种安全感，像转锁时令人放心的咔嚓声，还有冰箱的嗡嗡声、打印机的沙沙声等。产品声音也传达了一种提示性的功能感，如开水壶发出"哔哔"声提示水烧开了。

（3）嗅觉和味觉体验

嗅觉给人带来的感觉是独特的。据研究，嗅觉给人带来的印象在记忆中保存的时间是最久的。一种气味能唤起人们深藏记忆深处的情感，或勾起对苦涩的童年、慈爱的祖母的回忆，或是对曾经的一段温馨甜蜜爱情的回味。例如，某煤气公司为了让用户警惕"煤气泄漏"的味道，在宣传页上设置了一个"Scratch and Sniff"区域（图 5-62）。只要刮几下，就能闻到那种煤气味道了。味觉是最难以融入体验设计的一种感官语言。这是因为产品是不能入口品尝的。如果某种产品能通过它的形态和色彩带给人们某种虚拟的味觉，一定会给这样的产品增添更多闪光点。

图 5-62　警惕"煤气泄漏"宣传页

（4）触觉体验

触觉也同视觉一样有助于人们形成印象和主观感受，产品设计中触觉语言的使用也可带来体验的价值。触觉较视觉更加真实而细腻，它通过接触感觉目标，获得真切的触感。通过触觉，可以传递关于产品价值的细微信息：或凹凸不平的沧桑，或坚硬冰凉的冷峻，或柔软舒适的高雅。对触觉影响最大的莫过于材料。正如德卢西奥·迈耶所说："设计师是通过触觉的创造性运用来十分贴切地感受材料的。"材料是触觉的载体。产品的材质美，主要体现在科技性、自然性和人文社会性中。在产品设计中，材质的美感有着重要作用，它的美感直接影响到产品的艺术风格和人对产品的外观感受。例如，日本著名设计师黑川雅之先生曾经在他的设计创意中，推出了一系列大量采用新型橡胶材料制作的产品，从办公用品到门把手、开关等，有数百种产品。这些产品表面犹如人体肌肤般细腻柔和的触感给人以怡人的感性体验。

（5）通感体验

通感是修辞手法之一。人们日常生活中视觉、听觉、触觉、味觉等各种感觉往往可以有彼此交错相通的心理经验。于是，在表现属于甲感觉范围的事物印象时，就超越它的范围而描写领会到乙感觉范围的印象，以造成新奇、精警的表达效果。例如，腾讯微博"吹一吹"功能，将人对着手机吹气的效果通过屏幕上蒲公英的变化呈现出来，将无形化为有形。

2. 情感体验

产品设计在不同的经济条件下展现出不同的风貌：在农业经济时代，主要以工艺美术的形式存在；而当经济进入体验时代，设计也必然向以用户的体验为目标的情感设计发展。在物质极为丰富的体验经济时代，人们对情感体验的追求成为可能，情感设计在强大的物质和技术支持下，使产品从过去的让人适应向主动适应人而转变。所谓情感设计，就是使设计向用户传达能够激发某种情感的信息，让用户在使用产品的过程中获得难忘的体验。情感从某种程度上来说是对自我存在的一种评价，也承载了为人们提供信心并改善评价的功能。

情感体验的诉求主要是调动顾客内在的感情与情绪，目标是创造情感体验。它要解决的主要问题是：了解什么样的刺激，可以引起用户的某种情绪；什么能使用户自然地受到感染，并融入这种情景中来。如我国的茶艺，其实就是在制造一种现场体验，使喝茶意境升华，令人回味无穷。设计师总期望产品所表达的情感恰好能够激发用户的情感。如SONY生产的智能机器狗"爱宝"（图5-63），"爱宝"

图 5-63　SONY 爱宝

在与人游戏和沟通之中，会表现出高兴、生气、悲伤和恐怖等反应及其信号。

情感设计有不同的策略，因为它是为每位用户服务的。首先，设计师需要做大量的市场调查，掌握目标群体的情感需求方向。在了解了人们的情感需求方向之后，情感设计针对每个不同的用户还应有专门的设计。用户们可以通过参与设计过程来提供更加个人化的信息，设计师根据这些信息再进行设计。"为谁设计，满足怎样的需求"是一切设计的出发点，人类的需求是设计的依据和基石。设计师就是要透过产品满足使用者的需求，产品便是二者交流的媒介，情感艺术融入设计思维使设计师获得了与使用者情感交流的有效方式。面向高技术时代的设计师将扮演"科技演绎者"和"情感引导者"的角色，并且通过设计努力创造出一个人性化的世界，情感思维融入于设计思维也正是时代的必然选择。

3. 思考体验

思考体验就是启发顾客获得认识和解决问题的体验，它运用惊奇、计谋和诱惑等引发顾客产生统一或各异的想法，启发的是人们的智力。例如，在2000年日本名古屋国际设计比赛中有一件碎纸机作品，获了金奖（图5-64）。这件碎纸机作品是简单的方形，并在两端配有两个支架，以此来阐述纸被粉碎后像飘落的叶子，这样传统的意境改变了碎纸机冷漠而又神秘的原有形象，当文件被粉碎成类似一片片小树叶飘落的时候，趣味和传统也带了出来。

4. 行动体验

行动塑造法旨在影响人们的身体体验、生活方式和相互作用，通过提高人们的生理体验、展示做事情的其他方法和另一种生活方式来丰富顾客的生活。形象代言人的设计就是一种最为常用的行为体验设计。

5. 关联体验

关联体验包含感官、情感、思考与行动体验等层面。关联体验超越私人感情、人格、个性，加上"个人体验"，而且与个人对理想自我、他人或是文化产生关联。关联活动案的诉求是为自我改进（例如，想要与未来的"理想自己"有关联）的个人渴望，要别人（亲戚、朋友、同事、恋人或是配偶和家庭）对自己产生好感。

让人和一个较广泛的社会系统（一种亚文化、一个群体等）产生关联，从而建立个人对某种品牌的偏好，同时让使用该品牌的人们进而形成一个群体。关联营销已经在许多不同的产业中使用，范围从化妆品、日用品到私人交通工具等。美国哈雷机车（图5-65），是个杰出的关联品牌。哈雷就是一种生活形态，从机车本身、与哈雷有关的商品到狂热者身体上的哈雷文身，用户视哈雷为他们自身识别的一部分。

图 5-64　日本名古屋国际设计比赛——碎纸机　　　　　图 5-65　哈雷机车

6. 混合体验

混合体验是把两种或两种以上的体验类型结合在一起产生，混合体验把单一的体验活动转变为多种体验活动，而包含五种体验类型的混合体验则为全面体验。混合体验绝对不是两种或两种以上的体验类型简单的叠加，而是他们之间发生相互作用、相互影响，产生的另一种全新的体验。在构建混合体验时，设计者可以按照感官－情感－思考－行动－关联这样的顺序来进行。这个顺序符合用户的购买心理。"感官"会吸引用户的注意力并且激发人的感受。"情感"会创造顾客内心世界与企业或产品的联系，从而使情感变得非常个性化。"思考"会为体验增添一份永久感知上的趣味。"行动"会引发一种行为上的投入、一份对品牌的忠诚，以及对未来的一种希望。"关联"跨越了个人的体验，使体验在一个更为广泛的社会背景下具有更加丰富的内涵。当然，这个顺序不是固定不变的，体验的架构可以从思考、行动开始，可以把感受加到思考体验中。产品设计师应该在战略上努力创造全面统一的体验，同时包括感官、情感、思考、行动和关联的特性。

三、体验设计的基本构成

1. 体验设计的内容

（1）用户体验要素

体验设计五要素分别是：战略层、范围层、结构层、框架层、表现层，从下到上，就是从抽象到具体，从内核到外壳（图 5-66）。

这种把用户体验划分成各个方块和层面的模式，虽然有利于考虑用户在体验中有可能遇到的麻烦。但是在现实世界中，这些区域之间的界限并没有那么明确，很少有产品或服务只属于一个区域。在每一层中，这些要素必须相互作用才能完成该层的目标。所有处在同一个层面中的要素都会决定最终的用户体验，即使它们是通过不同的方式。

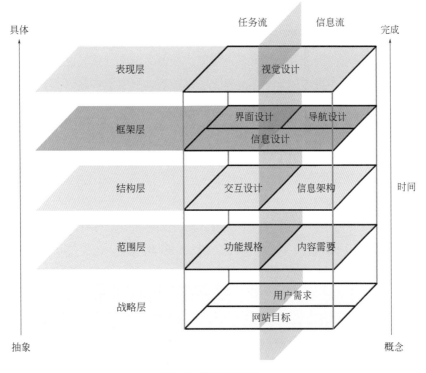

图 5-66　体验设计五要素

（2）各要素之间的联系

　　每个层面选择都会受到其下一层面决策的约束。企业的战略决定了设计者会在范围层选择哪些功能和内容；设计者选择哪些功能和内容也限定了结构层的交互设计和信息架构；交互设计和信息架构的搭建也约束着框架层的设计；框架层的设计则为表现层的视觉设计提出了要求和规范。这样的限定也可以反向推导：当设计者需要在某个层面做出一些限定外的选择时，就需要重新审视在下一层面已经拍板了的决策。

　　但是，这并不是说每一个"较低层面"上的决策都得在设计"较高层面"之前做出。事物都有两个方面，在"较高层面"中的决定有时会促成对"较低层面"决策的一次重新评估（甚至是第一次评估）。在每一个层面，都根据竞争对手所做的事情、业界最佳的实践成果来做决定，这些决策可能产生的连锁效应应该是双方向的。基于这样的连锁效应，应该计划好项目，对于工作时间的计划应该有所保证，让任何一个层面中的工作都不能在其下一个层面的工作完成之前结束。要求每个层面的工作在下一个层面可以开始之前完成，会导致设计者和用户都不满意的结果。一个好的方法是让每一个层面的工作在下一个层面可以结束之前完成。根据各层面之间的联系，在处理需求和问题时，应该做到：充分了解业务和问题，剔除不相关的问题，确定问题的位置和边界。

2. 体验设计的构建工具

作为一种新的产品设计及用户体验设计工具，User Experience Map（用户体验地图）已经被越来越多的产品经理及设计师们所接受。在产品策略、功能设计、用户服务等一系列产品发展过程中，用户体验地图的建立可以直观地呈现用户在每一个目标任务下的行为、情感、思考过程，有效地为产品工作者提供各方面的信息。用户体验地图有以下优势：让更多人有参与感和同理心；让产品设计者、决策者有更广更全面的视野，从体验地图中挖掘工作重心，从用户痛点中发掘是否有创新的项目或者是否具有产品战略上的机会点。用户体验地图的构建流程如下。

① 前期调研和收集材料。通过用户访谈、问卷调研、用户反馈、产品走查、产品数据、竞品分析、用户角色分析等方式，获取大量真实可靠的原材料，从而了解足够多的用户使用产品过程中的行为、体验、感受、想法。除此之外，还需要收集产品策略、核心目标群体、核心亮点等信息，作为制作用户体验地图过程中的方向指导。

② 整理材料。逐一地梳理笔记，将笔记内容摘录、拆解成行为、疑问、感受、想法。

③ 提炼选择关键的任务流程。一款产品，用户在使用过程中会有很多场景、很多任务，在开始制作体验地图之前，需要提炼更关键的任务流程。一是梳理产品的核心价值、用户的核心目标，进而提炼用户完成核心目标必须完成的任务是什么；二是排除没有明确任务流程分析或者难以了解用户感知的任务。对任务的描述，建议采用中性动词，用词精准干净（图5-67）。

图5-67 任务描述

④ 用户完成每个关键任务的目标。比如，对于搜索任务，用户希望"更快"地找到想要的商品；对于退货任务，用户希望能简单、省心。

⑤ 关键任务下的用户"行为"路径（图5-68）。如果是涉及多平台（手机、计算机）、线上线下的O2O服务等，建议记录每个行为的触点。

⑥ 用户在进行每个行为时的"疑问/问题"。疑问：用户在完成当前任务打算进入下一步操作时，有哪些疑问。

⑦ 用户痛点、满意点（图5-69）。痛点、满意点，可根据调研笔记中出现的频繁程度或者与这个行为的相关度来排序。对于这些痛点、满意点，如果有用户实际接触的界面或功能模块，也可以记录下来，方便日后将这些痛点进行优化改进。

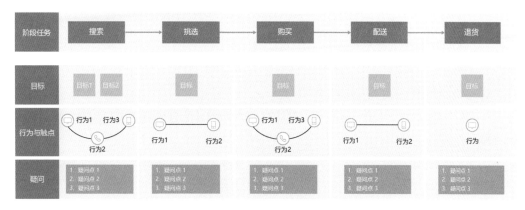

图 5-68　体验地图整理（一）

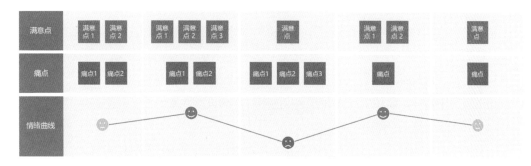

图 5-69　体验地图整理（二）

⑧ 判断阶段情感高低，形成情绪曲线。主要是根据痛点、满意点的数量和重要程度来判断。对于某个痛点，多问问这个用户角色对这个痛点的在意程度有多少。

⑨ 思考机会点、创新点。一是是否能有最佳方案，来满足用户的目标，提升用户满意度、优化体验；二是寻找遗漏的没有得到较好满足的场景和阶段，思考是否有创新项目的机会。

⑩ 分析阶段任务与竞品。结合竞品的优势和劣势，可对比思考自家产品的改进空间、如何弥补短板、发挥优势。

四、体验设计与系统创新

1. 以用户体验为基础的系统性产品创新

（1）在系统创新中关注用户体验

设计者在创新设计的过程中，将用户体验作为重点内容，对用户需求进行分析，合理创建现代化的产品模型，并对产品进行全面开发。遵循以人为本的设计原则，探讨人文关怀内容，保证在未来发展中提升设计水平。一方面，可以根据用户情感因素进行设计，将其与实际产品联系在一起；另一方面，可以为用户提供舒适的体验，促进人与人之间的联系，创新产品设计形式，建立多元化的开发机制，达到预期的设计目的。

（2）对产品创新设计进行用户体验检验

基于用户体验的产品创新设计，有利于设计者针对创新设计成果进行检验，通过用户体验，明确产品功能与舒适度，并对产品性能与情感因素进行全面分析。在了解产品操作方式与具体内容的基础上，创建现代化的设计方案。同时，针对产品的指标进行评价，明确创新设计要求与流程，建立多元化的检验评价管理机制，协调各类设计因素之间的关系，以此提升设计水平。在此期间，设计者可以根据检验结果，对产品进行合理的修改，以满足当前社会的实际发展需求。

（3）用户体验的反馈数据为产品创新设计奠定基础

相关设计人员在实际设计工作中，可以将用户体验的反馈数据信息作为产品创新设计的基础结构与内容，建立现代化、多元化的创新设计与管理机制，明确各方面的工作要求与目标。在此期间，设计人员可利用用户体验的方式与用户相互交流，通过沟通了解产品实际使用情况，以便根据设计要求与内容对产品进行开发。

（4）用户参与创新设计是必然

随着生活水平的提高、市场产品的丰富，用户对产品的自主选择性比较强，"用户在消费过程中并不单追求生理上的需求（功能性需求），更多的是追求心理上的需求（识别、象征需求、情感需求），追求的是一种感觉、自我个性的体现，一种自身的价值和重要性得到认同后的心理满足"。技术导向认为"新产品是运用新技术、新材料，或具备新功能、新结构、新利益的产品"。然而正是这些阻碍了新产品的运用，这也解释了为什么实验室取得的科研成果越来越多，而创新的成功率却不到10%的原因。但这并不代表新技术和新材料不重要，只是希望在设计产品时需要与用户沟通和参与，真正做到"以人为本"的设计创新。

（5）参与式创新设计已经成为新趋势

参与式设计最早是一种政治运动，起源于20世纪70年代的斯堪的纳维亚，是当时研发人员和工人为提高自身民主性而进行的一种运动。到20世纪70年代后期开始发展成一种通用的设计方法并在美国流行。参与式设计已经变成一个相互沟通、共同分享和协调合作的研发过程。用户参与式设计就是用户也加入设计的行列，设计不是只由专业设计师完成了。它要求设计从最终用户的利益出发，虽然设计师自身也是用户，但用户的感受却是再优秀的专业设计师也无法真正感受的。要让设计满足用户的需求最好的办法就是让用户参与到设计之中来。用户根据自身周围的环境和感受，主动参与设计，更容易使自身的需求得到满足。

2. 体验设计推动产品系统创新设计

创新的理念和方法是在感性和理性之间寻求两者的完美统一。一个优秀的产品设计不能仅局限于外观造型设计，而应该是洞察用户潜在需求，增加用户体验，为用户创造他们所想要的新的生活方式。产品创新是包括产品的造型、结构、材料、工艺、功能及用户心理、使用环境等诸多因素的一种创造性行为。产品创新设计是建立在产品的整体概念基础之上，以市场为导向，贯穿于产品构思、策划、设计、试制、营销全过程的活动。产品创新设计包括技术创新设计、文化创新设计和人本创新设计。用户体验与产品创新设计理论相吻合，从人出发，关注文化与技术，为人创造新的体验模式。

体验设计是系统创新的一部分，体验设计在产品系统创新之中扮演着一个极其重要的角色，用户是在产品开发设计时产品、软件或者服务的使用者。产品是为广大的用户所使用的，开发人员和设计师的想法并不等于普通老百姓的需求。而产品迭代、产品的创新也是基于用户的体验之上。因此，要站在用户的角度去进行产品系统创新设计。

系统创新设计应建立在体验设计的基础之上。体验设计的关注点从功能实现和需求满足转向用户体验，继而达到目的，刺激用户对产品产生的内在反应。成功的体验，能够引起用户的独特回忆，体验对于用户来说是价值源泉，而设计师则为用户提供满足他们的消费经历和体验经历，产品才能成功。在各行各业都在上演着体验经济下的成功物质成果。体验设计要求产品能够给人带来更加开放和互动的感受，实现人的自主性。产品作为媒介，应该给予使用者更加具有互动性和更加独特的体验，获取充分的、人性化的体验价值。具体来说，在产品可用性设计的过程中，产品研发团队通常会利用数据监测、数据分析、市场竞争、产品比对、信息反馈等多种方式，加强对产品的问题研讨与问题解决，从而提升用户体验，得到相应的用户反馈。因为用户的实际体验感受能够对加强产品设计中的功能转化提供参考建议，从而以提供给用户良好的体验为根本，提升产品在进行系统创新时的可用性。

体验设计离不开用户与界面、用户行为与产品之间的关系，也是现今设计领域一种前沿性的研究主题。为了更好地理解体验设计与系统整合创新之间的构成关系，本节的设计训练将在前期对体验设计的概念、内容及其应用的领域、类型及基本构成进行理论分析的基础上，以实践案例说明体验设计与系统整合创新之间、体验设计的要素与用户之间，以及体验设计的构成内容与产品创新之间的相互交叉、融合的关系，以加深对交互系统整合创新设计的理解。

设计训练三：协同式儿童性教育体验系统创新设计

设计者：徐卉、周思瑶、赵复洁 指导老师：陈香

1. 前期调研

（1）儿童生理教育的阶段

① 0～4岁：5岁以前的孩子处于自我认知的重要阶段。孩子需要掌握的知识包括：身体部位认知、隐私部位认知、出生知识、性别差异等。

② 5～8岁：孩子除了认识自己的身体外，还会对性别与社会性别（比如有的女孩"像男生"）、家庭教育（理解家庭、婚姻的概念）产生兴趣。家长在绘本内容上可以选取文字更多、更复杂的（去羞涩、坦然面对）。

③ 9～12岁：更多要提前掌握青春期变化，比如男孩子会长胡子、喉结会变大，女孩子胸部会发育，男女都会长腋毛、阴毛。还需要了解的是月经、遗精等现象出现的原因及应对方法，还有如何挑选合适的内衣等。正确对待性、身体的变化和两性之间的关系，为青春期做准备，学会保护自己。

（2）国内外儿童性教育现状

国外对于儿童性教育的重视，相比国内来说较早。就美国来说，最早的学校性教育发生在1913年，到1920年，40%的美国学校向学生开设此类课堂；在欧洲的学校，性教育逐渐普遍，瑞典尤为广泛；英国也从20世纪60年代开始了"无指导的性教育"。那么在亚洲国家里，日本和韩国关于性教育的普及程度相比我国和印度等其他亚洲国家来说较高。我国接受性教育的人不多，原因主要有传统观念的束缚、儿童性教育课程的普及度不高、宣传教育途径的缺失和专业性教师的缺乏。

（3）未来性教育行业趋势

① 建立多层次的学前儿童性教育体系。目前儿童性教育资源涉及范围较小，内容体系也并不完善。要丰富儿童性教育内容设置的出发点，站在儿童的角度上进行考虑。更新性教育观念，建立以人格为基础的性教育理念。加强性教育的课程管理和教材建设，创建合作式性教育体系。

② 注重少数群体的性教育研究。目前研究范围仅在内地各大城市，少数群体儿童性教育的现状，应成为未来研究的新方向。将幼儿纳入性教育的体系中，增加性别角色认同，为未来性别认同及性需求方面的教育奠定基础，改变重男轻女的思想。

③ 探索更加多元的研究方法。通过量化研究、跨文化研究、比较研究，提高性教育的科学性和有效性，提升整体水平。倡导多元的研究方法，不断突破创新，促使儿童性教育走向成熟和发展。

2. 技术路线

针对以上国内外性教育现状的前期分析及未来性教育的行业趋势，将整个课题的规

划及思路框架分成了四个阶段，即体验设计、课题选择，用户调研，概念模型和产品实现（图 5-70）。

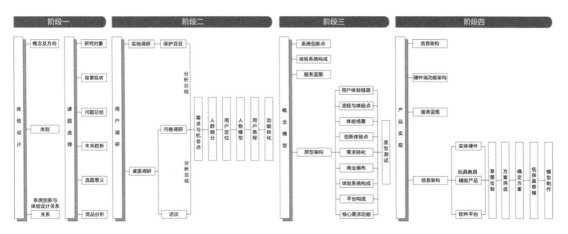

图 5-70　儿童性教育体验系统创新设计技术路线

3. 竞品分析总结（图 5-71）

图片					
名称	It kit	A workshop toolkit	6 om dagen	保护豆豆视频课程	保护豆豆玩具
教育方式	纸质类游戏	工作坊的工具包	服务体验系统	视频课程	实体玩具
优点分析	1. 寓教于乐 2. 整体的游戏体验顺序具有逻辑，便于由浅入深地去理解	1. 通过不同的游戏达到不同的教学目的 2. 整体的游戏体验顺序具有逻辑，便于由浅入深去理解 3. 系统化与体验相结合	1. 将分散的产品连接到一个服务 2. 改进产品，以启用、吸引和授权用户主动行为 3. 重新确定公共卫生行为如何传达性健康知识 4. 发挥了社群优势	1. 把知识视觉化、生动化，更加有效地集中注意力、全面学习 2. 便于学习 3. 儿童的视角展开，更易于理解 4. 发挥社群优势	1. 可用于多个教育场景，还原人体真实的生殖构造与发育过程，可以生动、清楚地给孩子演示过程，展开有趣直观的参与式教学，易于儿童理解 2. 让性教育有趣好玩，不再羞于启齿，帮助快速轻松脱敏
缺点分析	1. 游戏与知识传播结合不紧密 2. 未体现系统创新设计点 3. 形式单一	1. 使用人群不符合目标人群 2. 体验方式较为老旧	1. 使用人群不符合目标人群 2. 体验方式较为老旧	1. 受教方式单一 2. 未创新优化学习体验 3. 缺少有效的互动	缺少逻辑
外观色彩	卡通风格，色彩鲜艳 ● ● ● ● ●	卡通风格，色彩鲜艳 ● ● ● ● ●	扁平化风格，柔和色系 ● ● ● ● ●	卡通+商务风格 ● ● ● ● ●	卡通抽象，颜色艳丽 ● ● ● ● ●

图 5-71　国内外竞品分析总结

4. 实地调研——无锡保护豆豆

（1）针对人群——家长

① 课程主要内容：教导家长怎样对孩子进行性教育，同时解决家长在孩子成长过程中的性问题的困惑［孩子自慰（询问最多的困惑）、孩子询问自己难以启齿的性知识怎么办等］。

② 遇到的问题：家长很害怕并且担心孩子们太早接受性教育课程不好；家长们认为

给孩子进行性教育很对，但又有很多的顾虑，怕小孩子关于性问题太多自己无法解决、害怕小孩子把知道的性知识说出去，影响不好；最重要的是让家长和孩子们都能认识到性知识跟其他种类的知识没有差异，学习到性知识能对未来的成长起到帮助的作用。

（2）课程设计四大主题——孩子

出生教育、身体教育、性别教育（不同性格的人、娘娘腔等的正确认识）、防性侵教育。

①线上课程：手偶剧、动画片和真人出镜的表演。

②线下互动课程。

③游戏 "进化论""角色扮演""口香糖"（让孩子们把相同的部位靠在一起，辅助学习身体部位和教导保护隐私部位）。

④玩偶 学习男生、女生的身体结构。

⑤卡片游戏 对某些性器官名称和性知识脱敏，学会用积极的态度对待性知识，写些匿名小纸条，了解孩子们对性的认知和困惑。

（3）设计切入点（图5-72）

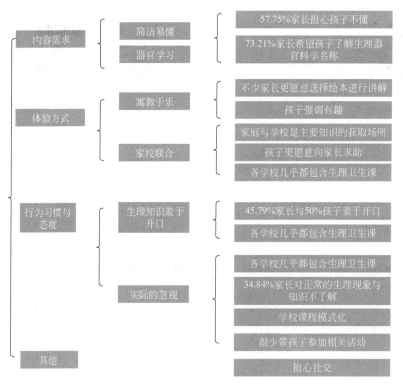

图5-72 针对问题的设计切入点分析

（4）儿童性教育体验系统的需求点—痛点—机会点分析（图5-73）

（5）利益相关者分析（图5-74）

问题	需求	类别	排序	机会点
大多数教师认为生理教育更应该提前由家长讲解	家长应当和孩子共同学习		1	家长孩子协同学习与教育
大部分家庭教育是由妈妈负责	需要父母共同进行教育		2	内容可与现阶段学习进行联系
家长陪伴的缺失会导致儿童性心理的不健康发展	需要父母共同进行教育		3	内容能调动家长的积极性
教师与家长重视数理等主科学习	生理教育需要与家长关心的重要内容建立联系	家长孩子	3	科学引导
爸妈只关注学习,不重视生理教育	需要提高父母对生理教育的重视与实际行动	互动学习	4	完善家庭生理教育体系
父母也不主懂,担心讲错误导孩子	需要一种科学的方式来教导孩子和父母		5	
父母反映孩子生理问题几乎不会求助询问教师	家庭还是最为亲密交互的生理教育课堂		6	
幼年家长教育的缺失会导致成长过程中性态度的不正确发展	家长的性教育不可缺少			
内容太深,孩子听不懂	内容符合孩子的年龄和心理认知		1	定制化课程
学校统一进行讲解	讲解需要具有针对性与差异性		1	两性别化
有相关的家长微信群	需要进行社交互动的价值观和特征带入体验服务中		2	多方面全方位的性教育
孩子们更想了解正确的生理知识和自我保护	需要进行生理知识以及自我保护方面教育	课程内容	3	引导性的教育体验
教师反映较高年级的孩子对生理有一定简单模糊的认知,不太全面,对知识有好奇	孩子乐于多了解此类知识,且知识要具有一定的引导性		4	树立健康性道德
男女生在一起开始管理	男女差别需要对对方的生理及特点进行正确的学习,树立平等性别关系		1	
觉得生理教育无聊	需要一种简单有趣的符合学生兴趣与个性的学习方式		1	轻松有趣的教育体验
学生目前的兴趣点偏向有趣味性的书籍与游戏,以及漫画	需要以一种轻松有趣的方式开展教育		1	树立平等关系
中低年级的课程最偏向卡通与抽象	需要实物媒体支撑,需要轻松有趣的方式进行教育		2	内容能调动孩子的积极性
有报多实物玩具帮助孩子学习	需要一种有趣的形式解决困惑	课程形式	1	内容专业
孩子觉得带有黄色意味	考虑提高生理学习的积极性		4	树立正确的性态度
教师每周对学生学习成果进行评比	接轨进行授教		5	针对性教学
教师们表示要树立榜样进行推广从而提升学习	男女在生理讲解方面也有不同,需要有针对性的讲解,便于理解		6	
很多情况下,难于启齿,不好意思讲	需要给用户一种亲切与平等尊重的关系		1	与用户建立亲切平等具有信赖感的关系
在一个大教室里,把五六年级的女孩子叫在一起,讲解一些女生身体发育的知识	需要与用户建立信赖感,赋予情感	体验	1	建立隐私保护
40%知识来自与朋友交流	需要一定的隐私保护			
80%知识来自家长与学校课程				
需克隐私感困惑	生理教育需要针对学独个体进行系统化的学习类别	系统	1	各方教育体系相融合,建立系统化的性教育的体制
多数人越视童年生理教育,觉得初中生物学习就行,但初中生物课程内容不全面	需要完整的、可以考虑多方的教育体系			
学校甚少关注,走形式或惧死较为普遍				

图 5-73　儿童性教育体验系统设计的机会点分析

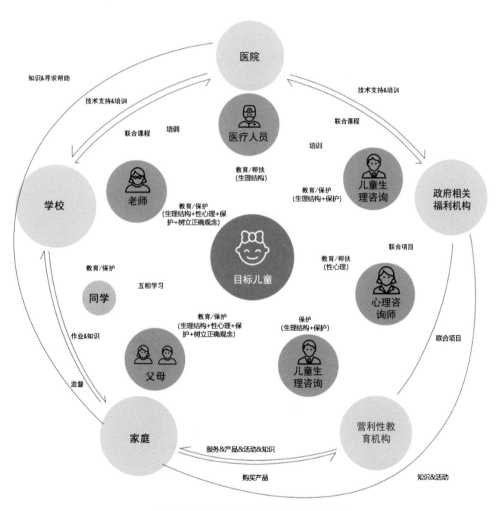

图 5-74　儿童性教育体验系统设计的利益相关者分析

（6）人群细分

大部分调研的对象，比较偏向第二与第四象限，其特点主要是对生理知识掌握度一般，有模糊概念，以及对生理知识学习的态度较为积极与重视。我们希望将这部分学生通过使用我们的产品可以达到用积极态度了解足够的生理知识（图5-75）。

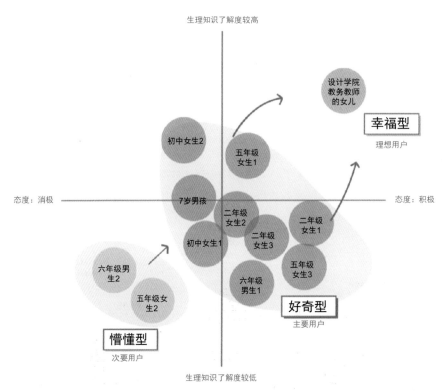

图 5-75　儿童性教育体验系统设计的人群细分坐标

（7）目标用户定位（图5-76）

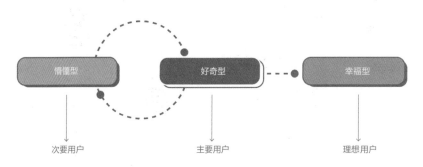

图 5-76　儿童性教育体验系统设计的目标用户定位

（8）目标用户人群定义及用户旅程图

姓名：阳阳

性别：女

年龄：8 岁

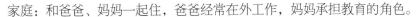

家庭：和爸爸、妈妈一起住，爸爸经常在外工作，妈妈承担教育的角色。

业余爱好：喜欢娃娃，爱买一些小摆件，热爱阅读。

生理知识结构：学校有开设生理卫生的课程，妈妈会主动教导关于自我保护的知识或者一些绘本读物，但对身体结构和性知识的认知较浅，理解力也偏低。

对生理知识的态度：好奇心很强，并且觉得这种知识很重要，有时会问妈妈这类问题，但妈妈经常简单说说或者回避转移话题（图 5-77）。

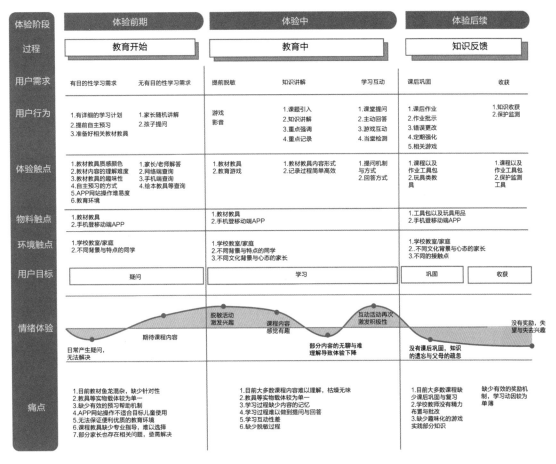

图 5-77　用户旅程——儿童

用户：妈妈

年龄：38 岁

家庭：丈夫、一个 8 岁的女儿。

业余爱好：看看书、周末会和孩子一起进行户外活动。

对孩子进行生理教育的态度：会主动教些孩子理解范围内的性知识及有关自我保护的知识，或者购买此类的绘本读物，当孩子问及自己难以回答的性知识时会采取回避的态度或者寻求专家解决困惑（图 5-78）。

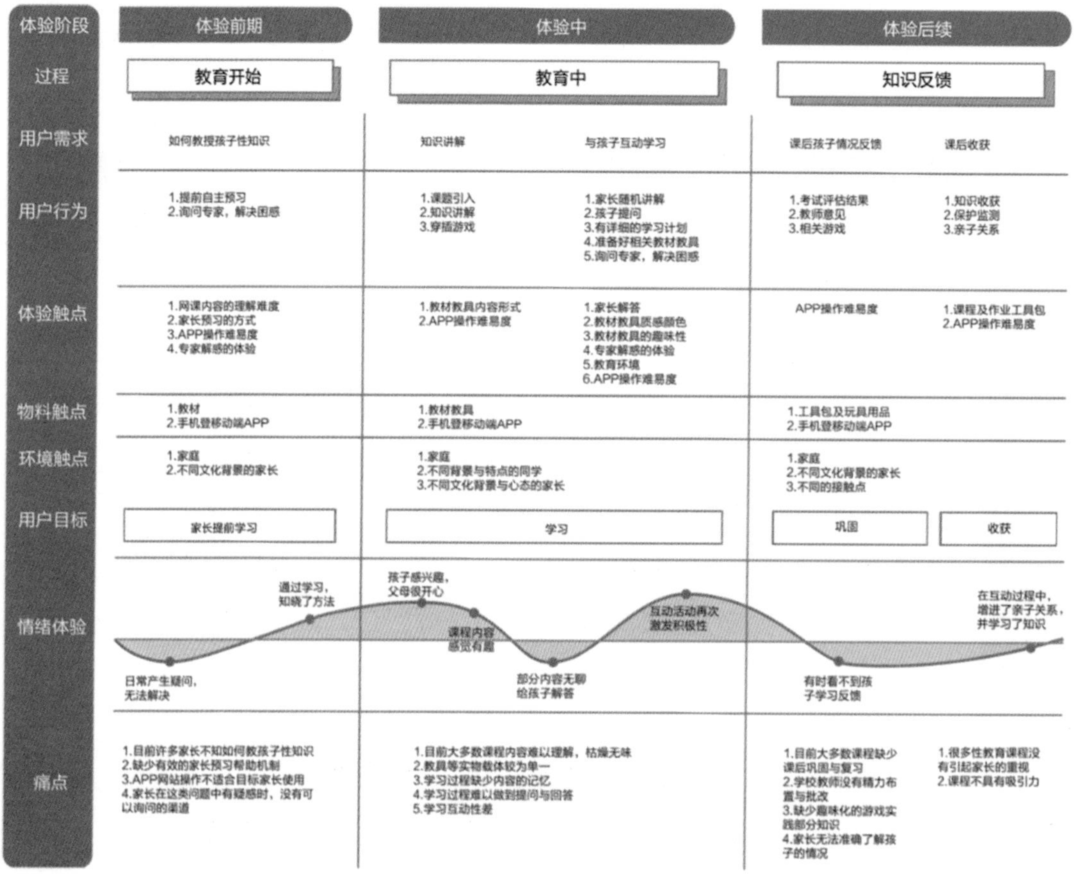

图 5-78　用户旅程——家长

（9）用户需求的概念转化（图 5-79）

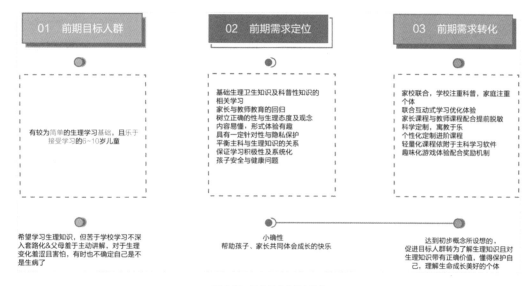

图 5-79　用户需求的概念转化

（10）核心体验需求点（图 5-80）

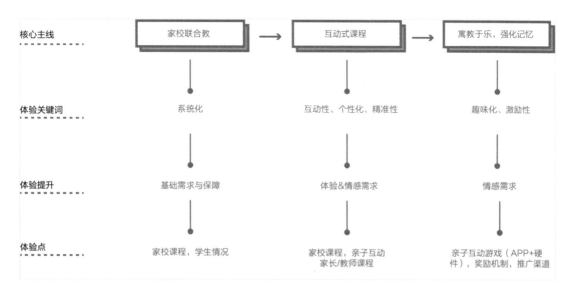

图 5-80　用户核心体验需求点的分析

（11）系统创新点（图 5-81）

（12）用户体验链路

　　将用户日常一天的行为路径进行描绘，并将其中可能与生理教育相关的重点场景及过程内容进行重点标注。

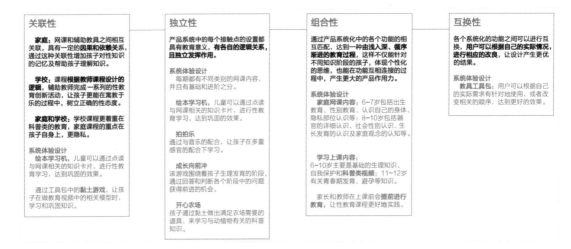

图 5-81　儿童性教育体验系统创新点分析

（13）最终路程图与体验点

将用户体验链路中相关重点场景进行进一步细化，并说明相应的场景过程中具体需要的内容信息及辅助的产品（图 5-82）。

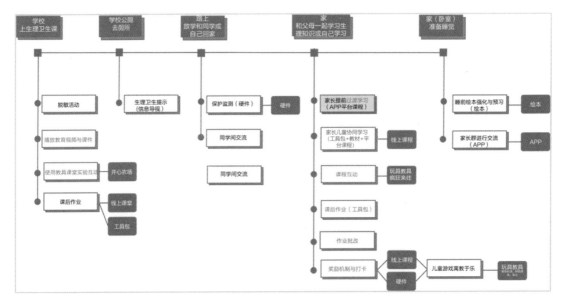

图 5-82　儿童性教育体验系统构成（一）

（14）用户体验场景

区别主要与次要的场景，主要场景为学校生理卫生教育课程时间及家庭亲子娱乐时间中发生的行为互动的场景。一般情况下，要细致描述主次场景中发生的行为互动的体验场景。

（15）用户体验图

区别主要与次要的场景，虚线标注为主要场景，其发生环境包括学校生理卫生课程，亲子学习及亲子娱乐场景，相关人群为儿童、家长、教师及相关同学，进一步细分体验触点及物料环境信息（图 5-83）。

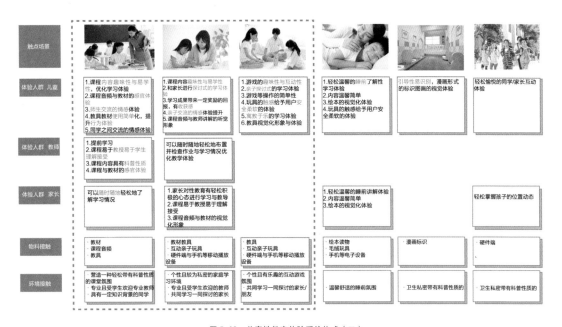

图 5-83　儿童性教育体验系统构成（二）

（16）体验系统蓝图（图 5-84）

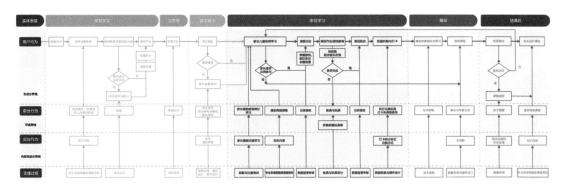

图 5-84　儿童性教育体验系统蓝图及内容分析

（17）创新系统体验点（图 5-85）

图 5-85　儿童性教育创新系统体验点及内容分析

（18）功能转化（图 5-86）

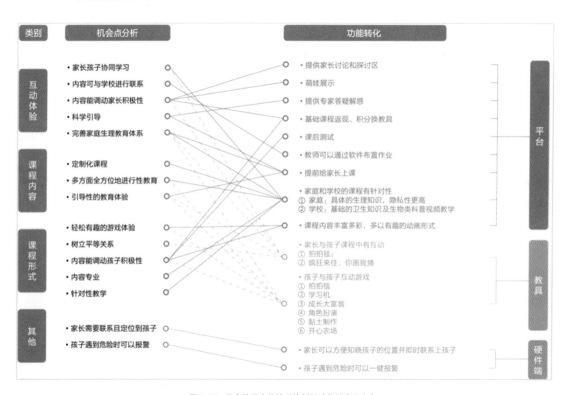

图 5-86　儿童性教育体验系统创新功能转化及内容

（19）商业画布

（20）体验系统构成（图 5-87）

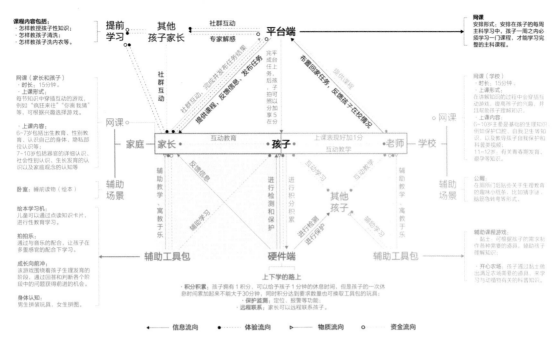

图 5-87 儿童性教育体验系统构成内容

（21）平台构成（图 5-88）

（22）核心需求功能（图 5-89）

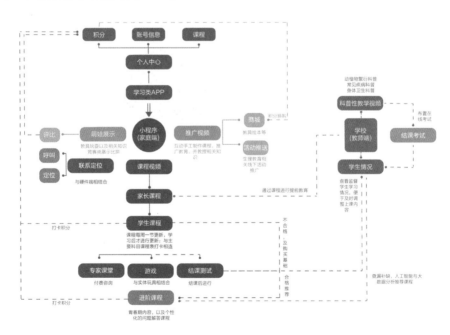

图 5-88 儿童性教育体验平台构成内容

AI筛选与大数据精确及时查漏补缺	家校联合增强知识宽度与深度	亲子互动学习，增进学习体验
家校测试反馈并制定个性化课程	中低年级学校科普，家庭基础生理教育，衔接高年级生理教育	家长协同孩子学习，互动完成课程与游戏
课程安排&定制课程	学校科普&亲子学习	家庭互动课程&互动游戏
多方协同，共同监督	寓教于乐，持续吸引	保护机制
家长教师可查看学生学习记录，设置测试进行监督	教具、娱乐视频吸引注意，游戏与教具的互动增强学习乐趣。积分奖励促进积极性	与专业医师建立问答机制，配合定位呼救机制时时保护孩子不受侵害
学习情况&结课测试	课程互动&游戏&推广&积分机制视频	专家咨询&定位呼救

图 5-89　儿童性教育体验系统平台核心需求功能

图 5-90　logo 设计图

（23）体验系统创新实现——平台端设计（图 5-90）
① 界面色彩规范（图 5-91）。
界面主要颜色：白色为主，给用户清晰简洁的视觉体验。

R:255 G:255 R:255 #FFFFFF	R:229 G:229 R:229 #e5e5e5	R:89 G:89 R:89 #595959	R:247 G:248 R:248 #E372FD
R:156 G:236 R:255 #9EEEFF	R:86 G:86 R:168 #5656a8	R:136 G:67 R:255 #8843FF	R:105 G:175 R:235 #67AFEB

图 5-91　平台端色彩配色

界面主要点缀色：迷幻紫与蓝紫色及清新的蓝色相搭配，进行渐变搭配，丰富界面，同时作为主要点缀色用于按键反馈，重点提示，以及大部分插画漫画的基础用色。

界面次要反馈色：浅灰与深灰搭配用于部分内容的强调与底面，便于加强效果。

② 界面字体规范（图 5-92）。

	格式	字号	适用于
重要	标准字	14px	标题
一般	标准字	12px	正文
较弱	标准字	8px	菜单栏、非重要文字

图 5-92　界面字体规范

③ 高保真展示（图 5-93）。

图 5-93　平台端高保真展示

④ 课程视频构想方案（图 5-94）。

（24）体验系统创新实现——实体教具硬件端

① 实体产品功能定义（图 5-95）。

图 5-94　课程视频构想方案

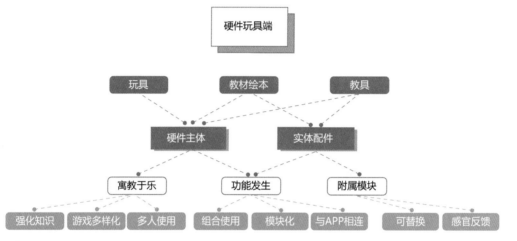

图 5-95　产品功能实现架构内容

② 产品草图展示（图 5-96）。

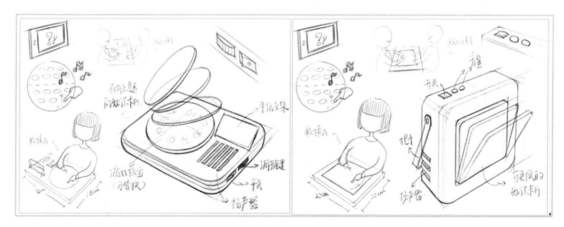

图 5-96　产品功能实现的草图展示

③ 产品实物模型（图 5-97）。

图 5-97　产品实物模型

④ 商业拓展方案（图 5-98）。

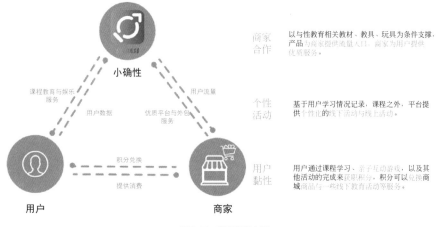

商家
合作　以与性教育相关教材、教具、玩具为条件支撑，产品为商家提供流量入口，商家为用户提供优质服务。

个性
活动　基于用户学习情况记录，课程之外，平台提供个性化的线下活动与线上活动。

用户
黏性　用户通过课程学习、亲子互动游戏，以及其他活动的完成来获取积分，积分可以兑换商城商品与一些线下教育活动等服务。

图 5-98　商业拓展方案

第
六
章

展望与未来

一、产品系统整合创新设计

1. 系列产品的创新

设计改变着生活，创造性是设计的本质属性，设计创新和未来的发展紧密相连。有时候一个产品需要多个创新点同时配合，只有将创新问题带到生活中去，才能有针对性地开发出新产品。系列化的创新产品可以先入市场并快速赢得消费群体的青睐，以增加产品销售成功的概率，创新同样可以使产品始终跻身在竞争者的前列。一个好的产品制造公司至少具有两年以上的创新技术储备，创新产品就是企业的财富。

2. 情感系列化产品设计

产品的生产不只是满足生活的需求，在经济发达条件下的人更渴望得到情感上的满足。美国社会预测家约翰·奈斯比特在他的著作《大趋势》一书中说："现代工业社会进入了信息社会阶段，高技术给人们带来了衣食住行各方面的系统化的改革和进步的同时，当技术越发达，人们就愈要求在人的高情感方面的平衡。"系列化的产品消费文化，决定了用户在不同活动和系列产品的特点上，总体有一定的偏好，这也决定了整个品牌产品创新的成败。关注产品的系列化更需要关注从基本型延伸的整个系列产品的外在情感化。

设计情感化是将人作为首要因素进行考虑并对全系列进行推广。普罗旺斯的一个设计师曾经说过："人们总以为设计有三维：技术、美学、经济，其中最重要的是第四维：人性。"真正优秀的设计作品是能够触及人内心，也可以与使用者达到情感共鸣。

3. 软、硬件的结合

随着知识经济成为全球经济的一个重要组成部分，以及用户需求的多样化，产品的硬件功能已经不能满足用户的多样化需求，软件与硬件的系统性的整合创新将成为未来产品设计的一个重要趋势。这种趋势既是用户需求的选择，也是基于智能技术的迅速发展。如小米公司的"杂货铺"，在产品造型方面有着统一的系列设计语言，并试图通过一个系统化的整合式的手机APP，给用户打造一个全流程体验的智能家居的环境，这便是软件与硬件紧密结合的成功案例。

4. 强调用户体验

用户体验是用户在使用产品过程中建立起来的一种纯主观感受。但是对于一个界定明确的用户群体来讲，其用户体验的共性是能够经由良好设计实验来认识到。计算机技术和互联网的发展，使技术创新形态正在发生系列化的转变，以用户为中心、以人为本的系统化的流程式的体验越来越得到重视，用户体验也因此被称作创新2.0模式的精髓。

工业产品的使用体验来自使用产品与产品互动的过程，同时也会受到外界因素的影响。比如，产品的使用者，使用产品时所处的环境和状态，这些都会影响到用户对于产品整个系统的体验。例如，产品使用者的成长经历、教育背景、知识结构、生活态度、处世观念等整个属性系统都会影响到使用产品时的整体体验。产品本身的外观形态和内部结构及材质、工艺等都会给使用者带来多样的系统性感受。而不同的地理环境、气候差异、风俗习惯等都会造成不一样的用户体验。每件产品在有差异的场景中被使用都会产生出截然不同的用户体验，所以设计师可以根据差异化的系统化的应用语境设计多元化的产品，以提高用户的体验。

二、服务系统整合创新设计

信息与服务设计的发展已成为当前设计创新不可缺失的一部分，特别是在以人为本的设计理念下，设计的系统化的整合创新将对服务设计的发展有着积极的推动作用。特别是在信息技术时代下，资源和信息的快速流通实现了产品设计在内容上的更新，也促进着整体市场需求性的增加，这些都需要系统化的整合创新设计的内动力支撑。

1. 信息产品与服务设计发展

现代化的信息产品与服务设计的发展应该有一定的方向性和原则性，针对不同的用户需求做出不同的设计方案，并通过对消费市场和竞争机制等系统性的措施和方法，实现信息产品与服务设计的长远发展。

智能性和服务性相结合的设计要求：信息与服务设计应该面向的是用户，用户在一定的生活压力下更愿意享受的是集智能性和服务性于一体的系统性的整合创新的优质产品，这就需要设计者有着对生活的探索和发现的能力，从人们的日常生活的细节出发，设计出更多智能性的服务整合创新产品。但无论是有形产品还是无形产品，最终的价值体现都蕴含在系统化的服务创新中。因此，从消费群体的需求出发，走在用户的前面，并将这些未被发掘的设计需求进行系统性的挖掘，以设计出符合用户需求的产品，提升产品的服务创新价值，为用户创造更加舒适的生活。

2. 服务设计的模式创新

（1）大数据下的服务创新设计

大数据给人们的生活带来了巨大变化，周围的事物都开始数据化，大数据时代正在快速地向人们走来。大数据来源于用户，通过数据分析脱去其数字的外衣，以设计的思维从中挖掘出用户的需求、创新点等要素，进行用户参与式的设计创新，最终将生产出的产品、服务系统化地提供给用户。用户有意或无意地将具体的感性数据、使用数据等再次系统化地流入大数据中，以此循环，不断改进，不断创新。尤其是移动互联网的发展，可以收集、系统分析用户在使用产品、服务和整体运行的系统时所产生的数据，通过数据分析工具精准地分析用户的行为，开展精准的服务设计活动，像苹果、谷歌、脸书、阿里巴巴、百度、腾讯、京东等大型互联网公司，能够实时获取用户的行为数据，在数据的基础上开展研究与分析。用数据来获取用户的行为，开展全流程、全系统的用户行为分析；根据用户行为主动触发调研，洞察数据背后的原因，结合全生命周期用户反馈分析，通过用户数据动态生成用户画像、用户行为地图，实时洞察用户等功能；通过"收集—数据—分析—行动—评估"等系统化的整合流程，持续迭代优化，提升用户访问平台的转化率，增加用户黏性，为商家和用户创造价值。

（2）人工智能驱动

经过 60 多年的发展，人工智能在很多的领域已取得突破性进展，也在社会各领域开始得到系统化的广泛应用，并形成引领新一轮产业变革之势。人工智能技术的发展，设计与人工智能的结合、人工智能技术支持的服务已经整合技术、交互、场景等内容步入了用户的生活和工作中。特别是人工智能融入服务设计中的发展，只有从设计手段、范式、思想、理论体系等方面进行系统性的整合，才能提升设计的变革。

3. 服务设计与可持续发展

随着传统工业设计的转型和发展，各学科方向之间的界限越来越模糊，在学科交叉的背景下，服务设计和可持续发展理念越来越被人们重视。然而可持续性设计作为造物的基础，更应该与设计趋势发展相融合。例如，产品中的生态材料的属性及材料工艺的研究，为服务设计可持续发展观提供了新的探究可能和研究方向。服务在一定程度上为产品提供了系统的整合性的无形价值，其服务设计也通过系统性的设计流程，建立可持续发展的理念。

社会与创新和可持续设计联盟主席埃佐·曼奇尼曾提出有关"设计"的两个含义：解决问题与建构意义。也就是说，服务设计除了直接解决问题外，还在文化、语言和意义上扮演着重要角色。在经济全球化的大背景下，商业化服务设计案例并不少见，然而产品设计同样以生态可持续、环境可持续为目标，研究生态材料，研究并创造生产工艺，并从造物的基础研究"物"的价值与"人"的系统关系，去实现服务性的整合创新设计。当服务设计落地于用户最普通的衣食住行和娱乐、旅游等系列性活动时，也可将健康、低碳、环保、节约等系列可持续发展理念，整合性地贯穿到人们的日常生活中，从而实现经济、生态环境、社会乃至文化的可持续发展。

4. 服务设计发展趋势的特点

（1）服务无处不在

在社会生活中，服务无处不在。如银行、金融、医疗、社区、交通、健康和旅游等系列性的服务活动。只要有服务的地方，无论是物理或虚拟的，有形或无形的，都有服务设计存在的内容和设计点。

（2）服务个性化

服务设计的发展和渗透改变了很多传统行业的服务模式。服务方式的变化主要体现在：个性化定制将是未来用户服务的主要方式之一；虚拟与现实相结合；无障碍的服务系统设计将备受重视；系统化的界面设计将嵌入产品设计中的方方面面。

三、交互系统整合创新设计

近些年来，国内外大型企业发布的一系列新产品与未来技术的升级体验，不难发现交互系统整合设计从产品、交互、体验等都正在不断深入探究未来的设计趋势，但这些都离不开整个社会经济背景与庞大的行业链等技术基础的成熟稳健，并影响着设计者今后前沿的设计决策。因此，对于交互系统整合创新设计的未来有以下几个方面。

1. 平面交互趋于完善

图形用户界面画面生动、操作简单，省去了字符界面用户必须记忆各种命令的麻烦，即使初学者也能很快地学会使用，从而获得广大用户的喜爱和欢迎。就目前而言，图形用户界面仍然是未来最主要的用户界面形式，又因为发展的时间相对来说比较长，所以平面交互系统设计的未来趋势是将渐渐趋于完善。平面交互系统设计的未来趋势将聚焦以下几个方面：聚焦当前任务；增强手势交互；超强折叠多任务处理；AR 与 VR 技术逐渐普及；智能响应微交互；更自然的 AI 语音；智能读取视频字幕与翻译；滑动式输入；滚动视差布局等。

2. 增强实体交互的体验

随着触控屏幕兴起，用户失去了有意义的触觉品质，失去了触摸、感觉和移动的物理物体所带来的情感愉悦。从交互式浴室镜子到触摸屏炉灶和冰箱，似乎越来越不注意有形性和有形产品体验。事实上，在一个高度数字化的世界里，做到系统化地将物理交互与用户之间的整合互动，仍然是用户的真正需求。

3. 延伸情境交互的场景

基于活动的情境感知模型描述了特定活动中人的情境感知过程，将这个模型应用在情境感知系统的交互设计中，可以指导情境感知交互设计实践，并将人的情境感知机制映射到情境感知系统的设计和实现过程中。从用户场景入手分析用户的需求行为进行设计，是交互设计通用的设计方法之一。随着物联网的出现，为用户建立起了信息沟通的桥梁，让产品变得更加有感情、有温度，并向用户场景中不断地系统化地延伸和丰富，使得产品与产品之间有了更多的信息互动，这使情境交互的内容上有了更多整合创新。

4. 多感官交互的结合

在产品交互设计领域中有着很多的想象空间，它不仅仅包括界面交互，更多的是要系统性地设计用户与空间、时间、触觉、视觉、听觉、嗅觉等各种感官的交互的整合体验。特别是随着技术的推移，界面也逐步从二维的平面拓展到三维的空间，不管是电子纸，还是投影技术，或是体感技术等，都会让产品界面变得能承载更多内容、更复杂的交互系统。未来的设计者可能会使用数据手套和头盔等先进的虚拟现实设备，从事着交互式系统整合性的设计工作，为用户创造更多的创新性的体验。

5. 多学科的融合

交互设计的本质是以不同的方式跟人产生互动，交互设计不再是单个产品的设计，而是多学科的、系统性的交叉融合。交互设计涉及的学科知识较多，如人机工程学、心理学、界面设计、哲学、设计学、艺术学、物理、美学、计算机软硬件、机械学、电子技术等。在未来，交互设计与产品设计、空间设计、视觉设计、展示设计、公共艺术设计、服装设计等进行交叉融合，并形成基于交互设计的系统整合创新设计。

四、体验系统整合创新设计

1. 专注内容的体验设计

近年来，设计师越来越倾向于采用极简、扁平化的系列产品设计以追求更具有凝聚力创新内容。以内容为核心的体验设计，指的是为了内容本身来塑造设计而营造出给用户系统性的整合创新体验。在这种策略之下，设计师还需做到几个关键性的内容，如清晰的产品设计视觉层，好的层次结构的设计，让用户更好更快获取信息，功能性的极简设计等系列性的设计活动，为用户提供更为清晰的、更有针对性的系统性的体验，以提升用户在产品设计上的情感体验。

2. 多渠道的用户体验设计

随着不同类型的智能设备开始进入高速的增长期，手机、平板等已经不足以涵盖绝大多数用户的日常交互的设备。物联网技术下各种全新类型的终端设置也逐渐进入千家万户，那么相应的产品的用户体验设计上就需要更深层次的挖掘和更新。在不同的场合和语境下，同一产品给用户达成的目标方式不尽相同，因此，多渠道的用户体验设计，将为用户设计出不同的产品，带去不同的有效体验，让用户在不同的环境下，都可以自由地使用和切换，实现系统性的无缝流程。如打车 APP 优步，用户可以在 Amazon Echo（亚马逊智能音箱，运用智能语音交互技术，具有播放音乐、听有声书、看新闻、网购下单、优步叫车、订外卖的功能）上叫车，也可以在 iPhone 的用户端上完成行程。这是一个典型的横跨两家不同厂商不同服务的产品，不同的界面，但是却带来一致而流畅的体验。在未来几年，设计师在面对产品设计的时候，也许不一定能完全支撑起整个产品生态的构建，但是会注重不同的渠道、不同平台上产品之间体验的整合性创新，以营造持续性、适用性更强的体验。

3. 人性化的数字产品体验

用户总是希望和数字产品之间的沟通能够像和人一样自然，人性化的产品体验通常会更加注重用户的情绪。用户和产品之间进行系统化交互时的感觉，是影响他们决定是否长期使用的关键。对企业或设计者来说，专注于满足用户的基本需求（信任、透明、安全等），让产品具备更加人性化的体验，是他们一直追求的设计目标。要使产品更富有人性化、用户获得最佳体验感，这意味着产品的系统整合性的创新设计上的要求则更高，才能够不断地贴近用户期望的体验需求。

4. 语音用户界面的广泛应用

信息化新时代下，用户越来越向着无屏幕化的用户体验领域推进，表现最突出的要属语音用户界面（Voice User Interface，VUI）。实际上，VUI 已经深入到用户生活的方方面面，如 Apple 的 Siri，Google 的 OK Google，微软的 Cortana，亚马逊的 Alexa 等系列的成熟用户界面产品。VUI 的技术也在不断地更新、迭代，也逐步像 GUI（Graphical User Interface，图形用户界面）一样成为人机交互的基础架构之一。Gartner 的研究表明，用户会在接下来的一年内越来越多地借助语音进行交互，这个比例甚至会超过产品创新的30%，因此，用户与产品间的交互、沟通及产品自身的系统整合的创新性设计，是每个设计者长期关注的重要内容。不过，语音交互并不会替代设计者熟知的 GUI，其限制性还需不断地完善，以适应不同的语境、场景和用户习惯。

5. 生物认证技术的广泛应用

生物识别技术正在逐步成熟，生物识别和身份识别技术及身份管理会在未来几年中相互融合，实现持续性地融合发展。例如，用户界面上越来越多的账号和密码，已成为用户日常生活和人机交互中的一项负担，如何更好地系统性使用生物识别技术，更好地为用户实现数字化的生活，将会是设计和开发人员需要解决和完善的问题。

6. 增强现实和虚拟现实技术的广泛应用

增强现实和虚拟现实技术正在成为用户追求高品质生活体验的一部分。市场上结合移动端设备的显示增强类产品会越来越多，影响增强现实和虚拟现实技术在移动端设备上发展的因素虽然有处理器的速度增长、优质的显示屏和更好的相机组合。但相对于用户来说，除了以上的技术之外，还需与系统整合性的创新设计产品相结合，才能带给用户最佳的体验。

参考文献

[1] 吴翔 . 产品系统设计 [M]. 北京 : 中国轻工业出版社 ,2000.

[2] 张同 . 产品系统设计 [M]. 上海 : 上海人民美术出版社 ,2003.

[3] 陈汗青 . 系统设计原理 [M]. 北京 : 人民美术出版社 ,2004.

[4] 张伟社 , 张涛 . 产品系统设计 [M]. 西安 : 陕西科学技术出版社 ,2006.

[5] 蔡科 . 产品系统设计中的构筑要素分析 [D]. 武汉 : 武汉理工大学 ,2008.

[6] 罗仕鉴 , 朱上上 . 用户体验与产品创新设计 [M]. 北京 : 机械工业出版社 ,2010.

[7] 王玉珊 , 李世国 . 情感记忆在交互设计中的价值与应用 [J]. 包装工程 ,2011,32(02):56-59.

[8] 陈为 . 用户体验设计要素及其在产品设计中的应用 [J]. 包装工程 ,2011,32(10):26-29+39.

[9] 唐纳德·A. 诺曼 . 设计心理学 [M]. 北京 : 中信出版社 ,2012.

[10] 李奋强 . 产品系统设计 [M]. 北京 : 中国水利水电出版社 ,2013.

[11] 王昀 , 刘征 , 卫巍 . 产品系统设计 [M]. 北京 : 中国建筑工业出版社 ,2014.

[12] 张宇红 . 产品系统设计 [M]. 北京 : 人民邮电出版社 ,2014.

[13] 安迪·普拉特 , 杰森·纽奴斯 . 交互设计 : 以用户为中心的设计理论及应用 [M]. 卢伟 , 译 . 北京 : 电子工业出版社 ,2015.

[14] 张凌浩 . 产品的语意 [M]. 北京 : 中国建筑工业出版社 ,2015.

[15] 艾伦·库伯 , 罗伯特·莱曼 .About Face 4 : 交互设计精髓 [M]. 倪卫国 , 刘松涛 , 薛菲 , 等译 . 北京 : 电子工业出版社 ,2015.

[16] 唐纳德·A. 诺曼 . 设计心理学 3 : 情感化设计 [M]. 北京 : 中信出版社 ,2015.

[17] 辛向阳 . 交互设计 : 从物理逻辑到行为逻辑 [J]. 装饰 ,2015(01):58-62.

[18] 孙隽 . 系统设计观引导下的消费类产品设计方法的思考与探索 [J]. 设计艺术研究 ,2015,5(06):25-30+53.

[19] 吕长征 . 基于用户体验的产品创新设计因素分析 [J]. 科技通报 ,2015,31(01):150-154.

[20] 大卫·贝尼昂 . 交互式系统设计 :HCI、UX 和交互设计指南 [M]. 孙正兴 , 冯桂焕 , 宋沫飞 , 等译 . 北京 : 机械工业出版社 ,2016.

[21] 席涛 , 郑贤强 . 大数据时代互联网产品的迭代创新设计方法研究 [J]. 包装工程 ,2016,37(08):1-4.

[22] 杰西·格里姆斯 , 李怡淙 . 服务设计与共享经济的挑战 [J]. 装饰 ,2017(12):14-17.

[23] 高颖 . 基于体验价值维度的服务设计创新研究 [D]. 杭州 : 中国美术学院 ,2017.

[24] 王圣洁 . 虚拟现实技术在博物馆展示设计中的应用研究 [D]. 无锡 : 江南大学 ,2018.

[25] 陈烨 . 基于用户体验的产品创新设计因素分析 [J]. 艺术教育 ,2018(14):77-78.

[26] 罗仕鉴 , 邹文茵 . 服务设计研究现状与进展 [J]. 包装工程 ,2018,39(24):43-53.

[27] 王晨升 . 用户体验与系统创新设计 [M]. 北京 : 清华大学出版社 ,2018.

[28] 邓晓磊 , 罗岱 , 李亚旭 . 智慧旅游背景下的乡村旅游生态服务系统设计 [J]. 包装工程 .2018,39(04):199-202.

[29] 王炜 , 胡飞 . 老龄心血管健康管理的产品服务系统设计研究 [J]. 包装工程 . 2018,39(02):22-25.

[30] Xiang Chen, Lijun Xu,Hua Wei, et al. Emotion Interaction Recognition Based on Deep Adversarial Network in Interactive Design for Intelligent Robot[J]. IEEE Access,2019(07):166860-166868.

[31] 陈香 , 柳月 . 基于满意度分析的皮影文化因子提取及设计应用 [J], 图学学报 ,2019,40(05):953-960.

[32] 孙妍彦 , 李士岩 , 陈宪涛 . 情感化语音交互设计 : 百度 AI 用户体验部门人机交互研究地图与设计案例 [J]. 装饰 ,2019(11):22-27.

[33] 辛向阳 . 从用户体验到体验设计 [J]. 包装工程 ,2019,40(08):60-67.

[34] 杨焕 . 数据与设计的融合 : 大数据分析导出用户需求洞察的创新路径研究 [J]. 装饰 ,2019(05):100-103.

[35] 张宏 . 基于服务设计理念的行李云寄存服务系统设计与研究 [D]. 广州 : 华南理工大学 .2019.

[36] 颜洪 , 刘佳慧 , 覃京燕 . 人工智能语境下的情感交互设计 [J]. 包装工程 ,2020,41(06):13-19.

[37] 陈香 , 张庭瑜 . 中意高校设计专业跨学科教学模式比较研究 [J]. 美术大观 ,2020,389(05):126-129.

[38] 陈香 , 杨瑞 . 基于可拓语义分析的智能音箱造型设计研究 [J]. 包装工程 ,2020,14(07):168-173.

[39] 吴雪松 , 赵江洪 , 李子龙 . 产品设计中符号表征文化的有效性研究 [J]. 包装工程 ,2020,41(16):37-42.

[40] 石伟 . 袁顺刚 . 基于自动化交互行为的电力机房巡检机器人系统设计 [J]. 制造业自动化 ,2021,43(02):152-156.

[41] Xiang Chen,Rubing Huang, Xin Li, et al. A Novel User Emotional Interaction Design Model Using Long and Short-Term Memory Networks and Deep Learning[J]. Frontiers in Psychology.2021(12): 1-13.

[42] 马可 , 何人可 , 马超民 . 基于语音交互的家用智能扫地机器人体验设计研究 [J]. 包装工程 ,2020,41(18):118-124.

[43] 耿安坤 . 基于用户用电行为分析的反窃电系统设计 [J]. 农电管理 ,2021(05): 38-40.

[44] 王小冰 . 基于用户体验的美术馆服务系统设计 [J]. 工业设计产业研究中心 2019 年论文汇编 ,2021(04):164-172.

[45] 陈香 , 张凌浩 . 大运河惠山泥塑艺术融入感官体验的设计策略研究 [J]. 艺术百家 ,2021(3):101-108.

后　记

　　江南大学设计学院的"系统整合创新设计"课程，一直作为产品设计和工业设计的一门特色课程传教至今，我也因此任课多年。任课的这段时间里，所积累的大量的实际课题案例和优秀的学生成果，以及所获得的作品，为本书的编写奠定了前期的素材来源和写作基础。

　　此书的完成，首先要感谢南京艺术学院张凌浩校长，江南大学设计学院曹鸣副院长，钱晓波、梁峭主任及吴剑斌博士的鼎力相助。同时也要感谢化学工业出版社给予的大力帮助，特别要感谢为本书的编写不分昼夜地收集资料、整理大量汇编资料的研究生：周明、肖磊、张佳佳、夏雨卿、吴玥，另外也要感谢朱琪颖老师为本书所设计的封面、封底和内页的样式，此外也要感谢为本书提供设计训练图文素材的陈钟瑶、王雅婷、吴佩文、韩沐洲、黄利婷、朱小林、李金洋、郭涵若、杨颖喆等同学。

　　另外，此书后面内容的编写不同于前面理论占主、案例为辅的写作思路，主要以实践实例为主，同时采用将理论知识点自然融合、带入的写法，符合当代以学生为主的教学理念。

　　《系统整合创新设计》主要是以整合创新为溯源，问题、需求为导向，系统性沟通人与物、物与物之间多方协同创新的纽带。希望通过此书的出版让更多的学生和设计师掌握这种工具，使我们的教学也能得到更多的反馈意见，使之不仅成为一本教材，也成为新时代下的设计师所喜欢的参考资料。

陈　香

2021 年 6 月